JN295948

● 新・工科系の物理学 ●
TKP-0

工科系
大学物理学への基礎

石井　靖

数理工学社

編者のことば

　21世紀に入っても，工学分野はますます高度に発達しつつある．今後も，工学に基づいた頭脳集約型産業がわが国を支える中心的な力であり続けるであろう．
　工学とはいうまでもなく科学技術の成果と論理に基づいて人間社会に貢献する学問である．工学に共通した基盤の中心には数学と物理学がある．数学はいわば工学における言葉であり，物理学や化学は工学の基本的な道具である．一方で工学が急速に拡大するあまりに，工学の基礎に関する準備をなおざりにしたまま工学を学ぶことをよしとする考え方が広まっているようにも思う．しかし実際には，以前にもまして数学や基礎物理学が工学の中に深く浸透しており，物理学の知識や概念を欠いたまま工学を学ぶことはできなくなっている．例えば弾塑性論や破壊現象，流体現象，様々な電子デバイス，量子エレクトロニクスや量子情報工学の基礎としての量子力学あるいはシミュレーション技術など挙げればきりがない．新しい生命科学，生命工学，脳科学，医療に用いられる計測技術もすべて物理学の成果である．したがって工学の先端に深く関わりたいと願うならば，やはり基礎物理学を工学基礎として学ぶことが必要となる．
　一方，最近の傾向として，高校の課程で物理学を学ばずに大学工学部に進学する学生が多くなっているようである．それを単純に悪いことだというのではなく，大学進学後にレベルを著しく落とすことなく大学の物理学に合流していくことができないだろうかと考えた．
　以上のようないくつかの観点から全体を構成し，工学の諸分野で活躍しておられる方々に執筆をお願いしたのが本ライブラリ「新・工科系の物理学」である．
　全体は3つのグループから構成されている．第I群は，工学部で学ぶための物理学の基礎を十分学んでこなかった学生のための物理学予備「第0巻大学物理学への基礎」と全体を概観する「第1巻物理学概論」である．第II群は，標準的な物理学各分野「力学」「電磁気学」「熱力学・統計力学」「量子力学」「物性物理学」を用意した．量子力学や物性物理学は，現在のところまだ限られた

学科でのみ講義が行われているが，しかし30年前と比べるとその広がりは著しい．これから20年後には，このような物理学を基礎とする工学分野はさらに拡大すると考え，これらも第II群に入れた．第III群には工学基礎となる物理学の各論的分野または物理学に基礎を置く工学諸分野を配した．いわば第II群が縦糸であり，第III群が横糸である．数年後にはもっと沢山のものを第III群に並べればよかったと思うことがあるかもしれないが，それはむしろ喜ばしいことと考える．また個々の書籍の選択には編者の個人的志向が大きく反映しているかもしれないが，この点については読者諸兄の批判に待ちたい．本ライブラリが，工学の基礎を学ぶ上で，あるいは工学を進める上でいささかでも役に立った，という評価を得られれば編者としてこれにすぐる喜びはない．

2005年1月

編者 藤原毅夫

「新・工科系の物理学」書目一覧	
書目群 I	**書目群 III**
0　工科系 大学物理学への基礎	A–1　応用物理学
1　工科系 物理学概論	A–2　高分子物理学
書目群 II	A–3　バイオテクノロジーのための物理学
2　工学基礎 力学	A–4　シミュレーション
3　工学基礎 電磁気学	A–5　エネルギーと情報
4　工学基礎 熱力学・統計力学	A–6　物理情報計測
5　工学基礎 量子力学	A–7　エレクトロニクス素子
6　工学基礎 物性物理学	A–8　量子光学と量子情報科学

(A: Advanced)

まえがき

　本書は，ライブラリ「新・工科系の物理学」の1冊として，高校で物理を十分に履修する機会のなかった学生諸君が，大学において工科系の専門基礎としての物理学を学ぶ際の「基礎の基礎」を提供する目的で書かれたものである．
　現在，高校で物理を履修する者の割合は，全体の約30%といわれており，1970年代の80%という数字と比べると，大きな減少である．一方で，21世紀を迎えて，科学技術の重心が，「ハードからソフトへ」，「物理科学から生命科学へ」とシフトし，工学のイメージがかつてのそれとは随分と違ったものになってきていることも事実である．しかしながら，こうした変化は数物系の基礎科目が不要となったことを意味するものでは決してない．工学系の基礎として数物系の科目で十分な力をつけた学生諸君が，それぞれの専門分野の知識を習得してこそ，高度かつ広範に発展した工学分野で真の力を発揮することができるものと思われる．その意味で，いずれかの段階で「物理離れ」を解消することは，工学教育において大変に重要な意味をもつものと考えている．本書は，そうした学習の一助となるように企画されたものと理解している．
　高校で十分に物理を履修する機会がなかったからといって，大学で高校の教科書を使って勉強するというのでは，あまりに芸がない．本書では，現在の高等学校の「物理1・2」で扱われる内容を吟味し，応用上も特に重要と思われる「力学」，「電磁気」，「波動」の3項目にしぼって解説を試みた．一口に力学といっても，高校では「物理1」で取り上げられる話題もあれば，「物理2」ではじめて登場する概念もある．しかしながら，高校課程のカリキュラムをここで踏襲する必要はないので，本書では一括して「力学」の章として取扱っている．また，しばしば話題に上ることであるが，高校課程の物理では微積分の概念を使わないというガイドラインが存在する．本書では当然のことながら，このガイドラインに従うことなく，微積分の考え方を盛り込むことにした．これにより，問題を公式に当てはめて計算するのではなく，数少ない基本原理から様々

な現象を予測するという，物理学あるいは近代科学の手法が，より明確に理解されることを望むものである．その意味で，**本書は，高校の物理で取り上げられている話題を，大学生の言葉で解説したものといえよう．**

　高校の物理で扱われる項目でありながら，本書では割愛せざるを得なかった話題もある．ひとつは，熱力学と固体・液体・気体といった物質の三態の問題である．これらの話題は，高校・大学で化学の一部として，ある程度は学習の機会があるものとして，本書では割愛した．また現代物理学の成果としての原子物理（物質と原子，電子と物質の性質，量子論，原子核と素粒子）には，一切触れなかった．こうした話題は，工学のそれぞれの専門分野において，必要に応じて学習していけばよいと考えている．

　本書を執筆する機会を与えて下さり，また原稿に丁寧に目をとおして，有益な助言を頂いた東京大学教授・藤原毅夫先生に心から感謝したい．数理工学社・竹田直氏は，終始，笑顔の下に強い意志を隠して，一向に筆の進まない筆者を忍耐強く励まし続けて下さった．氏の励ましがなければ，本書の完成はさらに1，2年先になっていたかもしれない．また，同社の竹内聡氏には校正等でお世話になった．さらに，工学の基礎としての物理教育のあり方，高校から大学への接続教育について，折にふれて意見を交換する機会のあった，中央大学理工学部の同僚諸氏には，お一人ずつお名前をあげることはしないが，こうした不断の交流が本書を書く際に大いに役立ったことを記して，感謝したい．そして，物理を履修しないまま理系の大学を目指している我息子が，いつか本書を手にとって，勉学の一助としてくれれば，これは筆者にとって望外の喜びである．

　2006年6月

石井　靖

目　　　次

第1章　力　　学　　　　　　　　　　　　　　　　　　　　　　　1
- 1.1 運動の表し方 ……………………………………………… 2
  - ◆ 微分と積分 ……………………………………………… 6
- 1.2 力の表し方 …………………………………………………… 8
  - ◆ ベクトル ………………………………………………… 11
- 1.3 いろいろな力 ………………………………………………… 12
  - 1.3.1 重力 ……………………………………………… 12
  - 1.3.2 垂直抗力：作用と反作用 ……………………… 14
  - 1.3.3 摩擦力 …………………………………………… 14
  - 1.3.4 張力 ……………………………………………… 16
  - 1.3.5 バネの復元力：フックの法則 ………………… 17
  - 1.3.6 大きさのある物体にはたらく力とそのつり合い ……… 18
  - ◆ ベクトルの内積と外積 ………………………………… 22
- 1.4 運動の三法則 ………………………………………………… 23
  - 1.4.1 慣性の法則 ……………………………………… 23
  - 1.4.2 運動の法則 ……………………………………… 24
  - 1.4.3 作用・反作用の法則 …………………………… 25
- 1.5 いろいろな運動 ……………………………………………… 26
  - ◆ 微分方程式 ……………………………………………… 27
  - 1.5.1 等速直線運動 …………………………………… 28
  - 1.5.2 自由落下と放物運動 …………………………… 28
  - 1.5.3 単振動 …………………………………………… 31
  - ◆ テイラー展開 …………………………………………… 36
  - 1.5.4 等速円運動 ……………………………………… 38

目　次

	1.5.5　空気抵抗の中での落下	40
	◆ 変数分離型の微分方程式	42
1.6	運 動 量	43
	1.6.1　力積	43
	1.6.2　運動量の保存	45
	1.6.3　反発係数	46
1.7	仕事と力学的エネルギー	49
	1.7.1　運動エネルギー	51
	1.7.2　位置エネルギー	52
	1.7.3　力学的エネルギーの保存	54
1 章の問題		57

第 2 章　電 磁 気　　59

2.1	静 電 気	60
	2.1.1　クーロンの法則	62
	2.1.2　電場 (電界)	64
	2.1.3　電場の中に置かれた導体・絶縁体	67
	2.1.4　コンデンサー	70
2.2	電流と回路	76
	2.2.1　オームの法則	77
	2.2.2　電流のする仕事	79
	2.2.3　直流回路	81
2.3	静 磁 場	85
	2.3.1　磁場 (磁界)	86
	2.3.2　電流がつくる磁場	88
	2.3.3　ローレンツ力	93
2.4	電 磁 誘 導	96
	2.4.1　電磁誘導の法則	96
	2.4.2　インダクタンス	98
	2.4.3　交流の発生と交流回路	102
2 章の問題		110

第3章 波　動　　113

3.1 波の性質 …………………………………………… 114
- 3.1.1 正弦波 ……………………………………… 114
- 3.1.2 横波と縦波 ………………………………… 116
- 3.1.3 重ね合わせの原理と波の干渉 …………… 116
- 3.1.4 ホイヘンスの原理 ………………………… 120

3.2 音　波 ………………………………………………… 124
- 3.2.1 発音体の振動と共鳴 ……………………… 125
- 3.2.2 ドップラー効果 …………………………… 126

3.3 光　波 ………………………………………………… 129
- 3.3.1 電磁波の発生 ……………………………… 129
- 3.3.2 幾何光学 …………………………………… 132
- 3.3.3 波動光学 …………………………………… 138
- 3.3.4 光の分散・偏光・散乱 …………………… 140

3章の問題 ……………………………………………… 143

付録　物理学と測定　　145

- A.1 誤差と有効数字 ………………………………… 146
- A.2 単位と次元 ……………………………………… 147

章末問題解答　　150

- 1章の問題の解答 ……………………………………… 150
- 2章の問題の解答 ……………………………………… 155
- 3章の問題の解答 ……………………………………… 158

さらに進んだ学習のために　　161

索　引　　163

1 力学

　斜面をころがり落ちるボールから太陽系の惑星に至るまで，物体の運動はニュートンの運動法則に従って理解することができる．この章では，まず物体の運動をどうやって表すかということから始めて，力とそのつり合いという考え方を導入する．その後で，ニュートンの運動の法則を示して，私たちが日常的に目にするいろいろな運動を，この基本原理に基づいて考えてみる．物体の運動を数量的に測るために運動量を定義し，物体の衝突の際に重要な運動量保存の法則を導く．最後に仕事とエネルギーという概念を導入して，エネルギーの保存と損失について議論する．

> **1章で学ぶ概念・キーワード**
> - 速度，加速度
> - 力の合成，力のつり合い，質点
> - 重力，重力加速度，作用と反作用，摩擦，剛体，モーメント
> - 運動の三法則，運動方程式
> - 等速直線運動，放物運動，単振動，等速円運動
> - 運動量，力積，運動量保存，衝突，はねかえり係数
> - 仕事，運動エネルギー，ポテンシャルエネルギー，エネルギー保存

1.1 運動の表し方

　斜面をころがり落ちるボールのように，物体が時間の経過とともにその位置を変えるとき，物体は「運動している」という．また物体が静止している状態とは，時間が経っても物体の位置が変わらないことであると考えることもできる．したがって，その時刻その時刻での物体の位置を指定することで，物体の運動を表すことができる．

　例えば列車の運行の様子は，列車がある時刻に始発から終点の駅に至る路線のどこにいるかを示すことで知ることができる．図1.1では横軸に時刻を，縦軸にA駅からB駅に至る距離をとって，列車の運行の様子を示している．12:00にA駅を発車した列車が12:15にB駅に到着すること，12:10にはB駅の約4km手前のC地点を通過することなどがわかる．このように各時刻における物体の位置を表すのに，決まった方向に沿った距離，**座標**（または**位置座標**）を用いることにする．列車の場合ならば路線に沿った距離を，斜面をすべり落ちる物体の場合ならば斜面に沿った長さを座標と考えればよい．またいずれの場合も，A駅からB駅に向かう方向，あるいは斜面を下る方向を正の方向にとるというように，座標軸の向きを定めなければならない．

　上の例では15kmの距離を15分間で走ったことになるので，平均の速さは毎分1km（時速60km）ということになる．しかしながら列車は一定の速さでA駅からB駅の間を走り続けたわけではない．運行の様子をもっと詳しく知るためには1分ごとあるいは1秒ごとの走行距離を調べるとよい．もう少し一般的に時刻tから時刻$t+\Delta t$に至るまでの間の列車の運行を見ることにする．時刻tにおける列車の位置座標を$x(t)$と書いたとき，時刻tから時刻$t+\Delta t$の間に列車が進んだ距離は$x(t+\Delta t)-x(t)$であることから，この間の平均の速さは

$$v_{\mathrm{av}}(t, t+\Delta t) = \frac{x(t+\Delta t)-x(t)}{\Delta t} \tag{1.1}$$

と与えられる．ここでΔtを十分に小さくとれば時刻tの瞬間における列車の速さを得ることができる．すなわち

$$v(t) = \lim_{\Delta t \to 0} \frac{x(t+\Delta t)-x(t)}{\Delta t} \tag{1.2}$$

1.1 運動の表し方

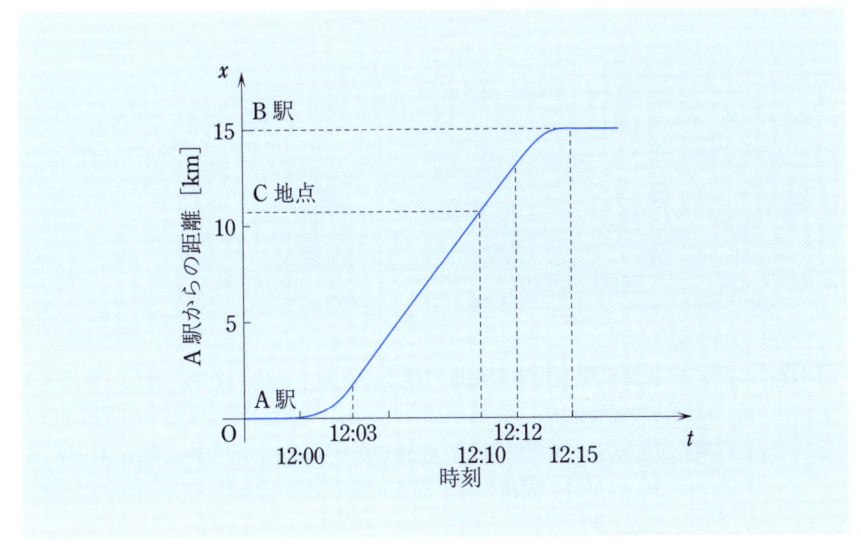

図 1.1 A 駅から B 駅に至る列車の運行の様子

が時刻 t における瞬間の速さを与える．ここで右辺の極限値を

$$\lim_{\Delta t \to 0} \frac{x(t + \Delta t) - x(t)}{\Delta t} \equiv \frac{dx}{dt} \tag{1.3}$$

と書いて，x の t のよる**微分**と呼ぶ．物体の運動を詳しく見るためには，物体の位置座標 x を時刻 t の関数と見て，x を t で微分した**速度** $v(t)$ を問題にするほうが理屈にかなっている．ここで x は座標軸の向きを定めてその方向に物体の位置を測った座標であるから，その微分 $v(t)$ にも向きが定義される．すなわち物体が座標軸の正の方向に運動していれば ($x(t + \Delta t) > x(t)$)，速度は正の値をもつ．速度の絶対値は通常，**速さ**と呼ばれる．速度や速さの単位は，時速 60 km (60 [km/h]) とか秒速 20 m (20 [m/s]) とか問題にしているものによって様々な単位が用いられるが，物理で物体の運動を問題にするときには [m/s] を用いることにする．

図 1.2 に，図 1.1 の座標 $x(t)$ を t で微分して得られた速度 $v(t)$ の時間変化を示す．A 駅を発車したときは速度は 0 であったものが，しだいに速度を増していって最高速度に達した後，しばらくその速度で走り続ける．B 駅の近くにくると減速しながら B 駅に到着するときには速度は再び 0 になる．このように速

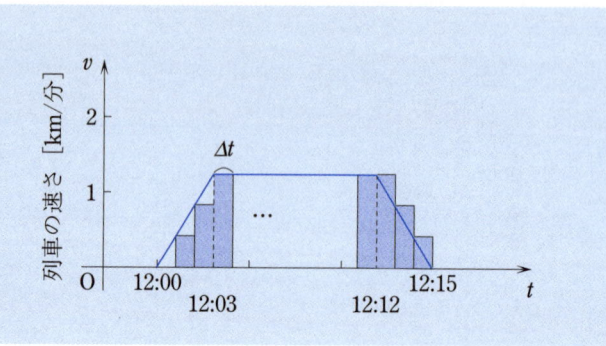

図 1.2 A 駅から B 駅に至る列車の速度の様子．時刻 $t=0$ (12:00) から Δt までの間には平均の速度 $v(0)$ で，時刻 Δt から $2\Delta t$ までの間には平均の速度 $v(\Delta t)$ で移動していることを考えれば，時刻 0 から時刻 t の間の移動距離は，幅 Δt，高さ $v(n\Delta t)$ の短冊の面積の和となる．

度もまた時刻 t とともに変化し，その変化の様子も平均の変化の割合を見ているだけでは運動の様子を十分に理解することはできない．そこで速度 v を t で微分して得られる瞬間の速度の変化の割合

$$a(t) = \frac{dv}{dt} \tag{1.4}$$

を定義して，これを**加速度**と呼ぶ．加速度の単位は $[\mathrm{m/s^2}]$ である．

　速度は位置座標の微分，加速度は速度の微分であることを見た．逆に位置座標を速度で，あるいは速度を加速度で表すとどうなるだろうか．時刻 0 から時刻 t までの移動距離（**変位**）を以下のように考える．この間の時間を小さな間隔 Δt に分けて考えると，時刻 $t=0$ (12:00) から Δt までの間には平均の速度 $v(0)$ で，時刻 Δt から $2\Delta t$ までの間には平均の速度 $v(\Delta t)$ で移動していることを考えれば，時刻 0 から時刻 t の間の移動距離は

$$x(t) - x(0) = v(0)\Delta t + v(\Delta t)\Delta t + \cdots + v(t - \Delta t)\Delta t \tag{1.5}$$

となる．Δt を十分に小さくとって運動を細かく追っていけば，式 (1.5) の右辺は $t=0$ から t までの定積分の定義にほかならない．すなわち

$$x(t) - x(0) = \int_0^t v(t')\, dt' \tag{1.6}$$

である[1]．速度と加速度の関係も同様に

$$v(t) - v(0) = \int_0^t a(t')\,dt' \tag{1.7}$$

と与えられる．

例題 1.1

図 1.2 で，列車が A 駅を発車後，10 分間に列車が進んだ距離を求めよ．

【解答】 列車が A 駅を発車した時刻を $t=0$ として，時刻 t [分] における列車の速度 v [km/分] は

$$v(t) = \frac{5}{12}t \quad (0 \leq t \leq 3)$$
$$v(t) = \frac{5}{4} \quad (3 \leq t \leq 12)$$
$$v(t) = \frac{5}{12}(15-t) \quad (12 \leq t \leq 15)$$

と与えられる．これを用いて，A 駅を発車後，10 分間に列車が進んだ距離は

$$x(10) - x(0) = \int_0^{10} v(t)\,dt = \int_0^3 \frac{5}{12}t\,dt + \int_3^{10} \frac{5}{4}\,dt$$

より，$85/8 = 10.625$ [km] と計算される．したがって，C 地点は B 駅の手前 $15 - 10.625 = 4.375$ [km] にあることがわかる． ∎

このように位置座標，速度，加速度は互いに微分・積分で関係付けられる量である．物体の運動をこのように時刻 t とともに位置座標，速度，加速度が変化する様子として解析するために，ニュートンは微積分という数学的な道具をまず考案したのである．微積分について，基本的な事柄を 6 ページにまとめた．

私たちの日常生活で，ものの速度・速さというものは，列車のスピードにしても，投げたボールの速さにしても，容易に知覚できるものであろう．ところが，加速度となると，$10\,[\text{m/s}^2]$ の加速度がどのくらいのものかなどは，なかなか知覚し難い．しかしながら，乗り物が急発進・急停車するときには，身体が

---
[1] 式 (1.6) は速度 v が時刻 t' の関数として，t' について積分すること（積分変数を t' とすること）を表している．ここで，積分の上限となる時刻 t と区別するために，積分変数には t' を用いた．以下でもこのような理由で，積分変数を t' などと置くことがある．

強く引かれるように感じることから想像できるように,加速度は物体にはたらく力と大きく関係している.したがって,物体にはたらく力がわかれば,それにより物体の運動のスピードがどのように変化するかがわかり,物体が時間とともにどのように動いていくかを予想することができる.このことがこの章の大きなテーマである.

・微分と積分・

変数 x の値を与えるとそれに応じて y の値が与えられるとき,
$$y = f(x)$$
と書いて,y は x の関数であるという.x の値が変れば,それに応じて y の値も変化する.すなわち,x が a から b に変化すれば,y の値は $f(a)$ から $f(b)$ に変化する.そこで x の変化に対する y の変化の割合
$$\frac{f(b) - f(a)}{b - a}$$
を,x が a から b まで変るときの $f(x)$ の平均変化率という.

$b = a + h$ と置いて,h を限りなく 0 に近づけていくと,平均変化率は $x = a$ のときの瞬間の変化率を表す.これを $f(x)$ の $x = a$ における微分係数と呼ぶ.a の値はいくつであっても,関数 $f(x)$ の瞬間の変化率を与えることができるので,変数 x の値に対して関数 $f(x)$ の微分係数を与える関数として,
$$f'(x) = \lim_{h \to 0} \frac{f(x+h) - f(x)}{h}$$
を定義し,これを $f(x)$ の導関数と呼ぶ.関数 $f(x)$ の導関数は
$$f'(x) = \frac{df}{dx}$$
と書いて,$f(x)$ の x による (1 階) 微分と呼ぶ.

関数 $F(x)$ の導関数が $f(x)$ と与えられるとき,すなわち
$$\frac{dF}{dx} = f(x)$$

のとき，$F(x)$ を $f(x)$ の原始関数と呼ぶ．$F(x)$ に定数を加えたものを微分しても，やはり $f(x)$ が得られるので，原始関数は無数に存在する．しかしながら適当な 2 点，$x = a$ と $x = b$ における原始関数の値の差をとれば，定数分の不定性なく定義することができる．これを

$$\int_a^b f(x)\,dx = F(b) - F(a)$$

と書いて，下限 a から上限 b までの定積分と呼ぶ．

$b = a + h$ と置いて，h を 0 に近づけると，上式の右辺は $F(x)$ の $x = a$ における瞬間の変化率に h をかけたものになるので，

$$\int_a^{a+h} f(x)\,dx = hF'(a) = hf(a)$$

と表すことができる．ここではじめの等号は，h を 0 に近づけた極限で正しく成り立つものである．

a から b の間を N 等分して，その区間ごとの定積分に分解すると，

$$\begin{aligned}F(b) - F(a) &= \int_a^{a+h} f(x)\,dx + \int_{a+h}^{a+2h} f(x)\,dx + \cdots + \int_{b-h}^b f(x)\,dx \\ &= hf(a) + hf(a+h) + \cdots + hf(b-h)\end{aligned}$$

の関係を得る．ここで h は $(b-a)/N$ を表す．このように，x の範囲を小さな区間に分けて，そこでの関数の値を積算したものとして，積分を定義することもできる．

1.2 力の表し方

物体を押すとか，綱を付けて引っ張るというように，物体に力を加えることにより物体を動かすことができる．このとき加える力の大きさと向き，そしてどこに力を加えるかという力の**作用点**が重要な要素となる．これらを**力の三要素**と呼ぶ．力は向きと大きさをもった量であるからベクトル（11 ページ参照）で表される．私たちが対象とする空間は，縦・横・高さの方向に広がりをもつ 3 次元空間であるので，適当に座標軸を設定して，力のベクトルを

$$\vec{F} = [F_x, F_y, F_z] \tag{1.8}$$

という 3 成分で表すことができる．このときの力の大きさはベクトルの絶対値

$$|\vec{F}| = \sqrt{F_x^2 + F_y^2 + F_z^2} \tag{1.9}$$

で与えられる．また力を図示する場合には，力の作用点を始点とした矢印で表し，矢印の長さが力の大きさを表すものと考える．作用点を通り力の向きと平行な直線は力の**作用線**と呼ばれる（図 1.3）．

実際の物体の運動も，列車の線路に沿った方向や斜面に沿った方向だけを考えにいれておけばよいわけではない．そこで力を表現したときと同じ座標軸を使って，物体の位置座標を

$$\vec{r}(t) = [x(t), y(t), z(t)] \tag{1.10}$$

と表す．このベクトル $\vec{r}(t)$ を物体の位置ベクトルと呼ぶ．それに伴って速度，加速度も

$$\vec{v}(t) = [v_x(t), v_y(t), v_z(t)] = \left[\frac{dx}{dt}, \frac{dy}{dt}, \frac{dz}{dt}\right] \tag{1.11}$$

$$\vec{a}(t) = [a_x(t), a_y(t), a_z(t)] = \left[\frac{dv_x}{dt}, \frac{dv_y}{dt}, \frac{dv_z}{dt}\right] \tag{1.12}$$

のように 3 成分のベクトルとなる．

物体に 2 本の綱を付けて，その綱を反対の方向に同じ大きさの力で引くと，物体はどちらの方向にも動かない．この状態では「力はつり合っている」という．つり合いの状態にある 2 つの力は同一作用線上にあり，互いに逆向きで大

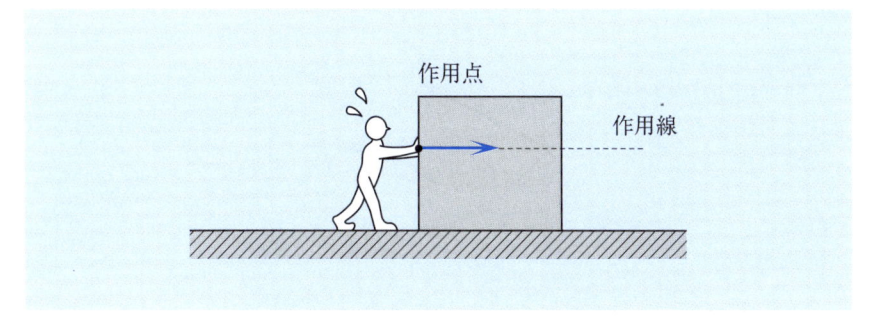

図 1.3 力の表し方：作用点と作用線

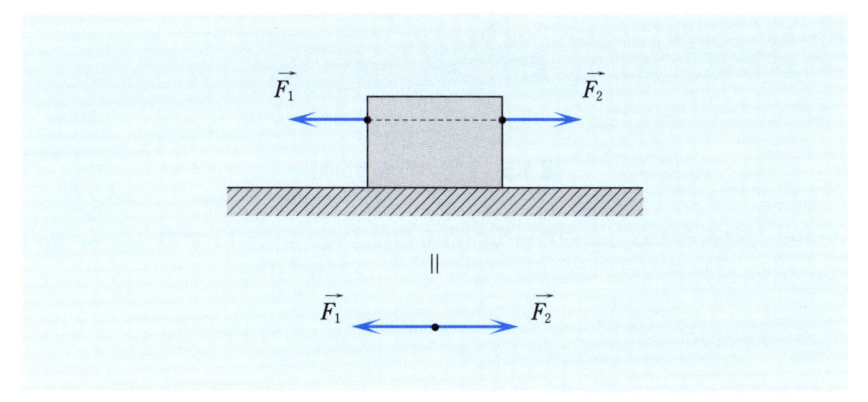

図 1.4 力のつり合い：物体の大きさを無視して質点と考えた場合

きさが等しい．ここで綱を付けた物体の大きさは無視できるものとして，2つの力の作用点は同一であると考えていることに注意しよう．このように大きさを無視できるとした物体を**質点**と呼ぶ（図 1.4）．つり合いの状態にある 2 力を $\vec{F_1}, \vec{F_2}$ と書けば

$$\vec{F_1} + \vec{F_2} = 0 \tag{1.13}$$

を満たす．

　同じ方向に力を合わせて綱を引けば物体は綱を引いた方向に動き始める．このとき物体には，2 人の力を足し合わせた力が加わったものと見なすことができる．綱を引く方向が少しだけ異なっていた場合にも，2 人の力を合わせた力が物体に加わって物体が動き始めることになる．そこでこの物体には 2 人の力を

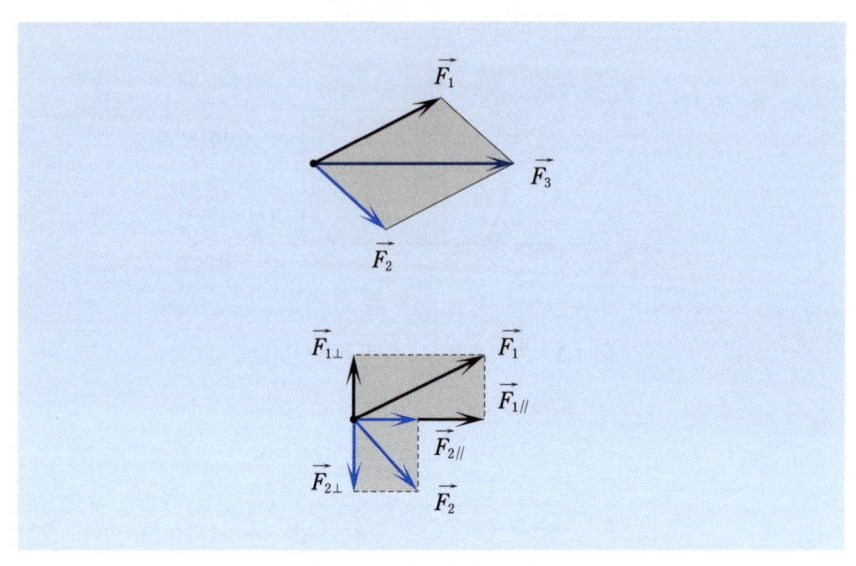

図 1.5 2 力の合成と分解

合わせた働きをする力が加わっているものと考え，この力を**合力**と呼ぶ．2 力 $\vec{F}_1, \vec{F}_2$ の合力 $\vec{F}_3$ は

$$\vec{F}_3 = \vec{F}_1 + \vec{F}_2 \tag{1.14}$$

と定義され，その方向と大きさは $\vec{F}_1, \vec{F}_2$ を辺とする平行四辺形の対角線で与えられる（図 1.5）．

　2 力をそれらを合わせた働きをする 1 つの力と見なしたのに対して，元々1 つの力を向きの異なる 2 力の合成と見て，分解することもできる．2 人で力を合わせて綱を引いたとき，それぞれの力 $\vec{F}_i$ ($i=1,2$) を物体が動き始めた方向（合力の方向）の成分 $\vec{F}_{i/\!/}$ と，それに垂直な方向の成分 $\vec{F}_{i\perp}$ に分解する．

$$\vec{F}_i = \vec{F}_{i/\!/} + \vec{F}_{i\perp} \tag{1.15}$$

このとき物体が動いた方向と垂直な方向の成分はつり合って

$$\vec{F}_{1\perp} + \vec{F}_{2\perp} = 0 \tag{1.16}$$

が成り立ち，合力 $\vec{F}_{1/\!/} + \vec{F}_{2/\!/}$ の力が物体が動いた方向に加わると解釈できる（図 1.5）．

1.2 力の表し方

●ベクトル●

　力や速度のように，大きさと向きをもった量をベクトルと呼ぶ．ベクトルは $\vec{A}$ のように，矢印を付けて表すことにする．またベクトルの大きさは，$|\vec{A}|$ と書くことにする．ベクトルは矢印を使って図示することができる．すなわち，矢印の向きはベクトルの向きを，矢印の始点から終点までの長さはベクトルの大きさを表すものと考える．ベクトル $\vec{A}$ にベクトル $\vec{B}$ を加えるには，$\vec{A}$ の終点を $\vec{B}$ の始点と考えて作図すれば，$\vec{A}+\vec{B}$ は $\vec{A}$ と $\vec{B}$ を2辺とする平行四辺形の対角線により与えられることがわかる（図1.6）．

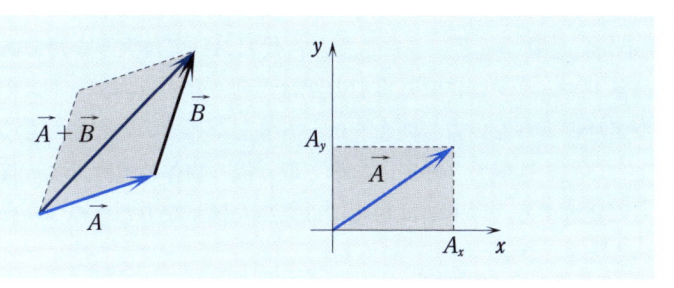

図1.6 2つのベクトルの和とベクトルの成分

　ベクトルの始点を座標軸の原点にとって，ベクトルの終点の座標でベクトルを表すこともできる．例えば，平面内のベクトル $\vec{A}$ は，直交する x, y の座標軸を使って，

$$\vec{A} = [A_x, A_y]$$

のように表す．このとき，A_x, A_y をベクトルの成分と呼ぶ．ベクトルの大きさは成分を使って書けば，

$$|\vec{A}| = \sqrt{A_x^2 + A_y^2}$$

と与えられる．ベクトルの和は成分ごとの和を計算すればよいので，

$$\vec{A} + \vec{B} = [A_x + B_x, A_y + B_y]$$

である．物理で，物体の運動や電気・磁気の現象を考えるときは，3次元空間を問題にしなければならないので，そのときは3成分のベクトルを考えることになる．

1.3　いろいろな力

　物体をもち上げたり，綱を付けて引っ張ったりした結果，物体が動くという事実は，実際にその行為を行っている人がいて，その人の体感によって「力」を実感できるため，力とその結果としての物体の運動との関係はわりあい容易に受け入れられたと想像される．このように物体に直に接触することにより加えられる力を**近接力**と呼ぶ．一方，物体から手を離すと物体は地面に向けて落下するという事実は，一見すると物体に手を触れている者はいないのに，物体が（勝手に）運動するということで，古代においては大きな謎であったに違いない．落下するリンゴには万有引力がはたらくとするニュートンの発見は，直接的な接触によらない力の概念をはっきりした形でいい表したものといえる．このような力を**遠隔力**と呼ぶ．力学で取り扱う物体の運動では近接力と遠隔力がともに登場する．以下では物体にはたらく様々な力とそのつり合いの様子を見ていくことにする．

1.3.1　重力

　手にもった物体を離すと物体は地面に向かって落下する．このとき物体に作用している力を**重力**と呼ぶ．物体が落ちないように手にもっているときには，物体にはたらく鉛直下向きの重力とつり合うだけの力を鉛直上向きに加えていることになる（図 1.7）．質量の大きな（重い）物体をもつにはそれだけ大きな力が必要なことから，重力の大きさは物体の質量に比例すると考えることは自然であろう．質量が 1kg の物体にはたらく重力の大きさを，質量の値そのものを使って「大きさ 1 kg 分の」力と呼んだときの力の単位を [kgw] または [kg 重]（「キログラムじゅう」と読む）という．

　しかしながら力の大きさを [kgw] の単位で表すことは必ずしも便利ではない．そこで質量 m [kg] の物体にはたらく重力の大きさ F を

$$F = mg \tag{1.17}$$

と表すことにする．後で明らかになるように，この比例定数 g は加速度と同じ次元[2]をもち**重力加速度**と呼ばれる．質量の単位をキログラム [kg]，長さの単

---

[2] 付録を参照．

1.3 いろいろな力

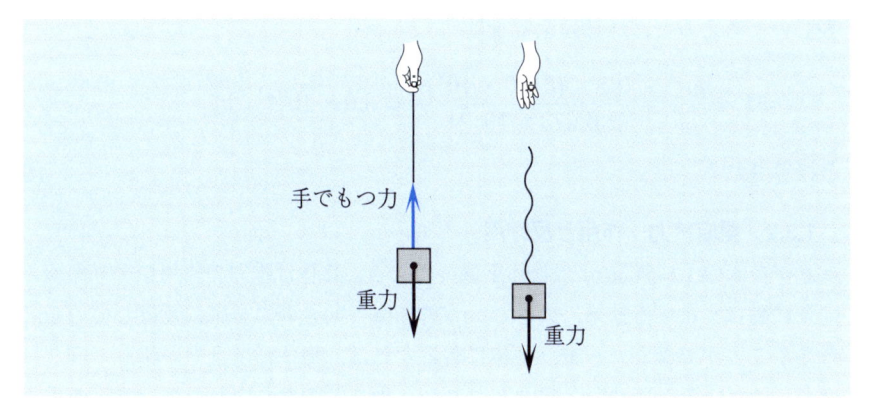

図 1.7 重力と物体をもつ手が及ぼす力のつり合い

位をメートル [m]，時間の単位を秒 [s] としたときに重力加速度の値は
$$g = 9.807 \quad [\text{m/s}^2] \tag{1.18}$$
と与えられる．したがって 1 [kgw] の力は 9.8 [kg·m/s^2] の力に等しい．また [kg·m/s^2] の単位を [N]（ニュートンと読む）と呼ぶことにする．

ニュートンは，2 つの物体の間にはそれぞれの物体の質量 m, M に比例し，物体間の距離 r の 2 乗に反比例するような引力がはたらくと考えた．すなわち
$$F = G\frac{Mm}{r^2} \tag{1.19}$$
ここで G は**万有引力定数**と呼ばれ，
$$G = 6.673 \times 10^{-11} \quad [\text{m}^3/\text{kg} \cdot \text{s}^2] \tag{1.20}$$
である．

例題 1.2

物体にはたらく重力は，地球が地表の物体に及ぼす万有引力にほかならない．そこで地球を球と考えてその中心に地球の全質量が置かれていると仮定すると，地表で質量 m の物体にはたらく万有引力が式 (1.17) で表される重力と考えることができる．このことから地球の全質量を計算せよ．

【解答】 万有引力の大きさは式 (1.19) で，r を地球の半径（地球の 1 周が約 40000 [km] であることから，半径は約 6400 [km] となる），M を地球の全質量と見なすことにより計算される．これを式 (1.17) で $g = 9.8$ と置いたものと

等しいと考えると，地球の全質量は

$$M = \frac{gr^2}{G} = \frac{9.8 \times (6400 \times 10^3)^2}{6.673 \times 10^{-11}} = 6.0 \times 10^{24} \quad [\text{kg}]$$

と概算される．

1.3.2 垂直抗力：作用と反作用

水平な床の上に質量 m の物体を置いたとき，物体は重力の作用により鉛直下向きに動こうとする結果，大きさ mg の鉛直下向きの力を床に及ぼしていると考えることができる．一方，物体に着目すれば，物体には重力が鉛直下向きにはたらいていると同時に，重力とつり合う大きさの力を床から受けることにより，床の上で静止した状態が保たれている．このように物体が床に力を及ぼすときには，必ずその力と全く同じ大きさで向きが反対の力を床から受ける．ここで物体が床を押すという作用に対して床が物体を押し返すことを**反作用**と呼ぶ．物体を平らな面の上に置いたときには物体が床に及ぼす力の反作用として接触面に垂直な方向に物体を押し返す力を面の**垂直抗力**と呼ぶ（図 1.8）．

1.3.3 摩擦力

水平な床の上に置いた物体を水平方向に力を加えて引いてみよう．物体を引く力の大きさが小さいうちは物体は動かない．したがって，物体には物体を引いている力と同じ大きさで，向きが反対の力が加わって，水平方向の合力は 0 になっていることになる．これは物体と床の接触面にはたらく摩擦の効果であると考えられる．静止した物体にはたらく摩擦力を**静止摩擦力**と呼ぶ．物体を水平方向に引く力を増していって，その大きさがある値を越えると物体は動き始める．この値を**最大静止摩擦力**と呼ぶ．最大静止摩擦力に達するまでは静止摩擦力の大きさは物体を引く力の大きさに応じて変化する．物体を動かすのに必要な力は，質量の大きな（重い）物体ほど大きくなるから，最大静止摩擦力の大きさ F は物体の重力，あるいはもっと正確にいえば，物体が床に及ぼす力の反作用として物体に床からはたらく垂直抗力の大きさ N に比例していると考えられる．これを

$$F = \mu N \tag{1.21}$$

と表す．この比例定数 μ を**最大静止摩擦係数**と呼ぶ．

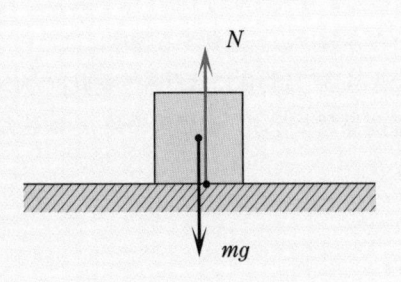

図 1.8 物体にはたらく重力と垂直抗力のつり合い

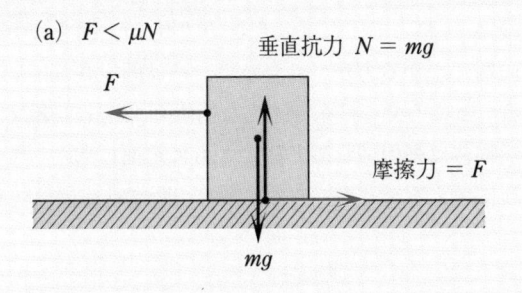

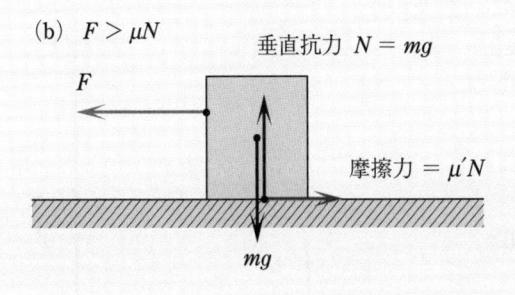

図 1.9 静止摩擦力 (a) と動摩擦力 (b)：静止摩擦力は物体にはたらく力に応じて変化する．

物体を最大静止摩擦力より大きな力で引いて，物体が運動を始めたときにも，物体に摩擦力ははたらき続ける．運動する物体にはたらく摩擦力を**動摩擦力**と呼ぶ．動摩擦力の大きさ F' は物体にはたらく垂直抗力に比例し（$F' = \mu' N$），この比例定数を動摩擦係数と呼ぶ．動摩擦係数 μ' は最大静止摩擦係数 μ に比べると小さな値となり，

$$\mu' < \mu \tag{1.22}$$

が成り立つ．

1.3.4 張力

一端 A を固定した糸のもう 1 つの端 B に質量 m の物体を付けてぶら下げる（図 1.10）．糸の質量や伸びは無視できるものとすると，この糸にはたらく力として端 B で鉛直下向きに加えられた力 $F = mg$ があることは確かであるが，同時に固定した端 A において，糸は大きさ F の力で上向きに引かれている．その結果，糸の両端にかかる力がつり合って，糸は固定されている（静止している）ことになる．ところでこの糸を適当な箇所 C で急に切断するとどうなるだろうか？　当然物体は糸の切れ端 CB とともに地面に向かって落下する．このことは次のように考えることができる．糸を切断する前には切断箇所 C よりも

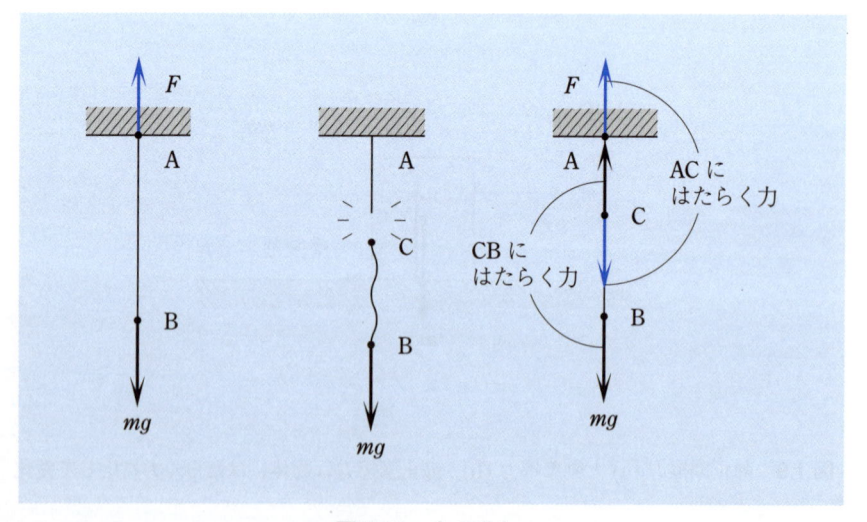

図 1.10 糸の張力

1.3 いろいろな力

下の糸 CB は，切断箇所 C で上向きに大きさ F の力で引かれており，これが端 B を下向きに引く力とつり合って静止していた．また切断箇所よりも上の糸 AC には，切断箇所 C で下向きに，固定された端 A では上向きに大きさ F の力がはたらいており，これらがつり合って静止した状態にあった．糸を切断したことにより切断箇所 C に加わっていた力がなくなり，糸の切れ端 CB には端 B の鉛直下向きの力だけが作用していることとなり，落下したと考えることができる．以上のことは，糸を切断する箇所がどこであっても成り立つので，一定の力 F で引っ張られている糸のどの点でも，その点よりも下の部分は上の部分を大きさ F で下向きに，その反作用として上の部分は下の部分をやはり大きさ F で上向きに，力を及ぼしていることとなる．このように張りつめた糸の至るところで生じている力を糸の**張力**という（図 1.10）．

1.3.5 バネの復元力：フックの法則

糸の張力を考えたときに，力を加えたことによる糸の伸びは無視できるものとした．一方，バネやゴム紐の場合は，一端を固定し，他端に力を加えてバネ（ゴム紐）を引っ張るとバネは伸び，押すと縮む．このように力を加えることにより伸び縮みする性質を**弾性**と呼ぶ．加える力があまり大きくなくてバネの伸び縮みが小さいとき，バネの伸び縮みは加えた力の大きさに比例する．これを**フックの法則**という．大きさ F の力を加えたときのバネの伸びを x と書くと

$$F = kx \tag{1.23}$$

の関係が成り立つ．このときの比例定数 k はバネの強さを表し，**バネ定数**と呼

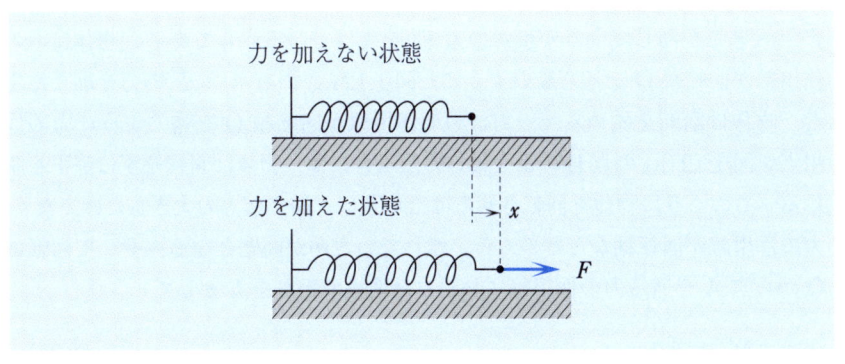

図 1.11 バネを伸ばすために要する力

ばれる．バネを伸ばすために加えた力の反作用として，バネはそれを引っ張る手を逆向きに引き戻そうとする．これがバネの復元力である．

例題 1.3

バネ定数 k のバネに質量 m の物体を付けて天井からつるしたとき，バネの伸びを求めよ．

【解答】 物体にはたらく力は鉛直下向きの重力 mg と，バネが物体を鉛直上向きに引く力 F である．これらの力がつり合って，物体は静止していると考えると，$F = mg$ である．一方，バネが物体を引く反作用として，物体はバネを鉛直下向きに mg の力で引いている．これによるバネの伸びを x とすれば，$F = kx$ の関係よりバネの伸びは $x = mg/k$ と求められる． ∎

1.3.6 大きさのある物体にはたらく力とそのつり合い

これまでの物体にはたらく力とそのつり合いの議論では，物体は質量はもつが，その大きさを無視できるもの（質点）として取り扱ってきた．物体の大きさが無視できない場合には，物体が加えた力の方向に平行移動（並進と呼ぶ）するだけでなく，物体が回転する場合がある．したがって物体が静止している状態とは，物体が並進も回転もしない状態である．以下ではこのような場合のつり合いの条件を見ることにする．そこで物体は大きさ（と質量）はあるが，伸び縮みのような変形はしないものとする．このような物体を**剛体**と呼ぶ．

物体を 1 つの回転軸 O の周りに回転できるようにして，物体に力を加える（図 1.12）．物体は回転軸で固定されているので，力を加えてもその方向に動きだすことはない．これは加えた力 $\vec{F}$ の反作用として，回転軸のところで物体は $\vec{F}$ と大きさが同じで向きが反対の力 $\vec{F'}$ を受けているからである．物体に力の作用線が回転軸 O を通らないように，図 1.12(a) の点 A で $\vec{F}$ の力を加えた場合，物体は回転を始める．一方，力の作用線が回転軸 O を通るように力の作用点を図 1.12(a) の点 B のように定めた場合には，物体は回転せずに静止し続ける．このように物体を回転させるはたらきは，加えた力の大きさだけでなく，力の作用線が回転軸からどのくらい離れているかが問題となる．そこで回転軸 O から点 A を通る力の作用線におろした垂線の長さを h として

$$M = |\vec{F}|h \tag{1.24}$$

を定義し，これが物体を回転させるはたらきの大きさと考える．この量を力の

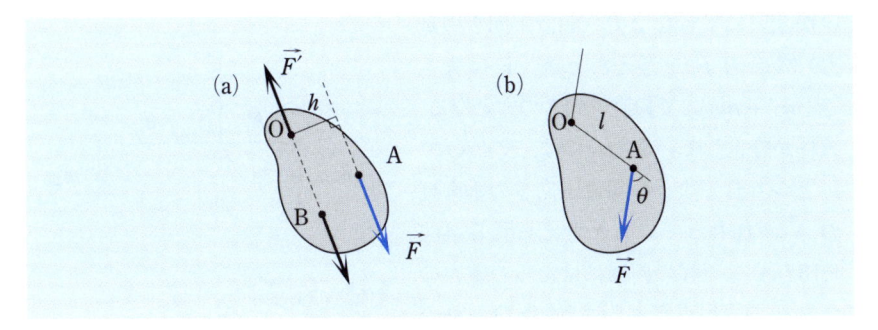

図 1.12　剛体にはたらく力

モーメントと呼ぶ. この例で物体には互いに平行で向きが逆の力 $\vec{F}$ と $-\vec{F}$ がはたらいている. このような力は, 物体の並進運動を引き起こすことなく, 回転運動だけを起こすはたらきをもち, **偶力**と呼ばれる. 2力 $\vec{F}$ と $-\vec{F}$ の作用線の間隔を a として, $M = |\vec{F}|a$ を**偶力のモーメント**と呼ぶ.

　回転軸 O が定められた場合に, 力のモーメントには向きが考えられることに注意しよう. すなわち, 力の向きが物体を回転軸の回りに時計回り（右回り）に回転させる方向であるか, 反時計回り（左回り）に回転させる方向であるかによって力のモーメントの正負を考えることにする. 図 1.12 (b) のように回転軸 O から力の作用点 A までの距離を l, 力 $\vec{F}$ と回転軸 O から力の作用点 A に向かうベクトルのなす角を θ と書くと, 力のモーメントは

$$M = Fl\sin\theta \tag{1.25}$$

と与えられる. θ の正負（力の向き）によりモーメントの値が正負の値をとることになる. 物体が加えた力によって回転しない, すなわちつり合いの条件は力のモーメントの正負まで考慮して

$$M_1 + M_2 + \cdots = 0 \tag{1.26}$$

が成り立つことといえる. このことは支点 O から距離 h_1, h_2 のところに質量 m_1, m_2 の物体をつるしたときの天秤のつり合い

$$m_1 g h_1 = m_2 g h_2 \tag{1.27}$$

にほかならない（図 1.13 (a)）.

　天秤のつり合いをもう少し詳しく考察してみよう. 天秤の両端には鉛直下向きにそれぞれ $m_1 g$, $m_2 g$ の重力がはたらいている. これらの作用線が一致しな

いが互いに平行な 2 力（鉛直下向きの重力）の合力 $\vec{F}$ を考えたとき，$\vec{F}$ は大きさ $(m_1+m_2)g$ で鉛直下向きの力となる．天秤が静止しているためには，支点 O で $\vec{F}$ とつり合うような鉛直上向きの垂直抗力 $\vec{N}$ が加わっていると考えられる（図 1.13 (a)）．天秤の両端にはたらく重力の合力 $\vec{F}$ の作用点が，天秤の支点 O 以外のどこかであったとすれば，支点 O にはたらく垂直抗力 $\vec{N}$ と $\vec{F}$ は互いに偶力の関係になり，天秤が回転してしまう．天秤がつり合っている状態では，合力 $\vec{F}$ の作用点は支点 O と考えなければならない．

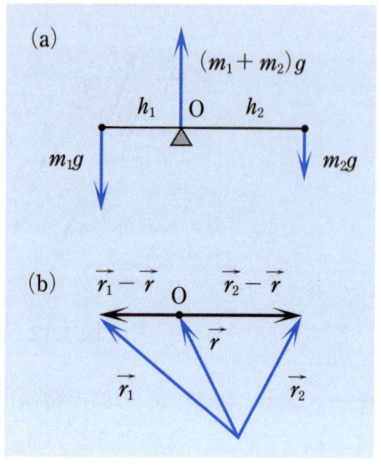

図 1.13 天秤のつり合いと重心

したがって，天秤棒と両端のおもり（質点）をひとまとめにした物体と見たとき，その各部の重力の合力が，式 (1.27) を満たす支点 O にはたらいていることになる．物体の各部分の重力の合力がはたらく作用点をその物体の**重心**と呼ぶ．重心の位置ベクトルを $\vec{r}$，各質点の質量と位置ベクトルを $m_i, \vec{r_i}$ としたときに，重心から各質点に向かうベクトルは $\vec{r_i}-\vec{r}$ となるので（図 1.13 (b)），式 (1.27) と同様の

$$\sum_i m_i(\vec{r_i}-\vec{r})=0$$

の関係[3]から

$$\vec{r}=\sum_i m_i\vec{r_i} \Big/ \sum_i m_i \tag{1.28}$$

と与えられる．

---

[3] 厳密にいえば，物体が回転しない条件は，各質点にはたらく重力を $\vec{F_i}$ と書けば，
$$\sum_i (\vec{r}-\vec{r_i})\times\vec{F_i}=0$$
と与えられる．× はベクトルの外積（22 ページ）を表す．重心を支点にすれば，物体をどんな向きに置いても回転しないと考えると，質点にはたらく重力の向きをどの方向にとっても，上の条件が成り立つことになる．これより本文中に示した関係が得られる．

1.3 いろいろな力

以上をまとめると，剛体に対するつり合いの条件は，剛体が並進運動を始めないための条件（力のつり合い）

$$\vec{F}_1 + \vec{F}_2 + \cdots = 0 \tag{1.29}$$

と物体が回転運動を始めないための条件（モーメントのつり合い）

$$\vec{M}_1 + \vec{M}_2 + \cdots = 0 \tag{1.30}$$

で与えられる．ここで力のモーメント $\vec{M}_i$ は，適当に定めた原点から力 $\vec{F}_i$ の作用点に向かうベクトルを $\vec{r}_i$ として

$$\vec{M}_i = \vec{r}_i \times \vec{F}_i$$

と定義すればよい（× はベクトルの外積を表す．22 ページ参照）．

モーメントのつり合いの条件 (1.30) は，力のモーメントを定めるときの原点のとり方によらない．なぜならば，力の作用点の位置ベクトルを定める原点を $\vec{R}$ にずらしたとき，新しく定義される力のモーメント

$$\vec{M}'_i = (\vec{r}_i - \vec{R}) \times \vec{F}_i$$

の総和は

$$\sum_i \vec{M}'_i = \sum_i (\vec{r}_i - \vec{R}) \times \vec{F}_i = \left(\sum_i \vec{M}_i\right) - \vec{R} \times \left(\sum_i \vec{F}_i\right)$$

となり，力のつり合いとモーメントのつり合いの条件から，$\vec{M}'_i$ についても，つり合いの条件 (1.30) が成り立つからである．

例題 1.4

長さ l の天秤の両端 A，B にそれぞれ質量 10 [kg]，20 [kg] のおもりをぶら下げてつり合ったときの，支点の位置を求めよ．また，天秤の端点 A の回りでの力のモーメントがつり合っていることを確かめよ．

【解答】 天秤の端 A から測った支点の位置を x とすると，式 (1.28) より

$$x = \frac{10 \times 0 + 20 \times l}{10 + 20} = \frac{2}{3}l$$

が得られる．天秤の端点 A の周りのモーメントのつり合いは，距離 $\frac{2}{3}l$ のところにある支点には鉛直上向きに $(10+20)g$ [N] の力が，距離 l にある点 B では鉛直下向きに重力 $20g$ がはたらくので（g は重力加速度），力のモーメントの総

和は

$$30g \times \frac{2}{3}l - 20g \times l = 0$$

となり,つり合いの条件が満たされている. ∎

ベクトルの内積と外積

2つのベクトル $\vec{A} = [A_x, A_y, A_z], \vec{B} = [B_x, B_y, B_z]$ が与えられたとき

$$\vec{A} \cdot \vec{B} = A_x B_x + A_y B_y + A_z B_z$$

を,ベクトル $\vec{A}$ と $\vec{B}$ の**内積**と呼ぶ.ベクトルの内積は,ベクトル $\vec{A}$ と $\vec{B}$ のなす角を θ,ベクトル $\vec{A}$ の大きさを $|\vec{A}|$ と書くと,

$$\vec{A} \cdot \vec{B} = |\vec{A}||\vec{B}| \cos\theta$$

とも表される.ここで $|\vec{B}|\cos\theta$ は,ベクトル $\vec{B}$ の $\vec{A}$ 方向の成分になっている.

一方,

$$\vec{A} \times \vec{B} = [A_y B_z - A_z B_y, A_z B_x - A_x B_z, A_x B_y - A_y B_x]$$

で定義されるベクトルをベクトル $\vec{A}$ と $\vec{B}$ の**外積**と呼ぶ.ベクトル $\vec{A} \times \vec{B}$ はベクトル $\vec{A}, \vec{B}$ と直交し,その向きは,右手の親指,人差し指,中指を互いに直角に立てて,$\vec{A}$ を親指の指す方向,$\vec{B}$ を人差し指の方向にとったときの中指の指す方向となる.またベクトル $\vec{A} \times \vec{B}$ の大きさは $|\vec{A}||\vec{B}||\sin\theta|$ に等しい.剛体の回転軸 O から力 $\vec{F}$ の作用点 A に向かうベクトルを $\vec{r}$ と書いたとき,力のモーメントは $\vec{M} = \vec{r} \times \vec{F}$ で与えられると考えればよい.実際,回転軸の方向を座標軸の z 軸の方向と考え,力の成分は xy 面内にあるものとして,力の作用点を x 軸上の点 $(l, 0, 0)$ とすれば,

$$\vec{M} = [0, 0, F_y l]$$

となり,これは式 (1.25) の定義にほかならない.

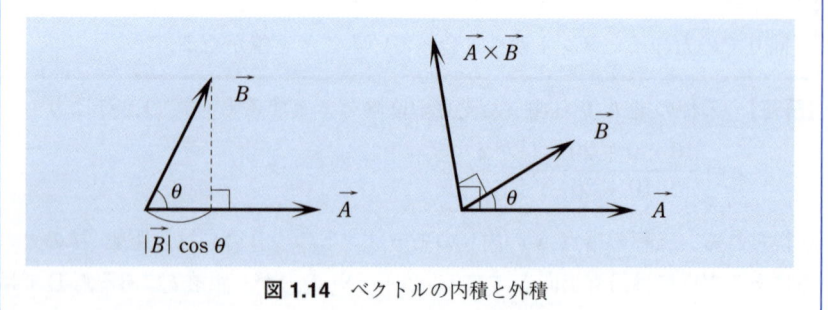

図 1.14 ベクトルの内積と外積

1.4 運動の三法則

 ニュートンは，17 世紀後半に「自然哲学における数学的原理」(通称「プリンキピア」) を著し，物体に力がはたらいた結果としての運動の基本原理を，以下に述べる**運動の三法則**の形にまとめ上げた．ニュートンのこの発見は，それに先立つガリレイやケプラーといった人々の天体観測や実験に基づいたもので，それらの実験事実から得られた基本法則が新しい現象の予測に使われるという近代科学の方法論の出発点となったものである．

1.4.1 慣性の法則

 物体を動かすには力を加えなければならない．それでは物体を動かし続けるのに力を加え続けなければならないのだろうか．この問に対して人は長い間「力を加え続けなければならない」と考えていたという．これに対してガリレイは，なめらかな斜面に沿って物体を落とせば，物体は加速し，その速度をもってなめらかな斜面を物体が上るときには次第に減速するという事実から，水平でなめらか平面上を運動する物体は速度を変えずにどこまでも運動を続けると論じた（図 1.15）．この原理を一般の場合にも成り立つこととして，ニュートンは

運動の第一法則（慣性の法則）

物体に外から力がはたらかないか，あるいは物体にはたらいている力がつり合っているとき，静止してる物体は静止し続け，運動している物体はその速度が一定の等速度運動を続ける．

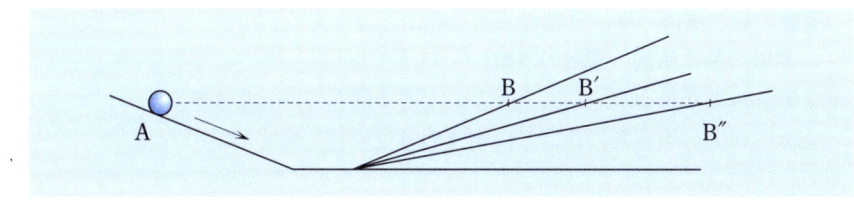

図 1.15 ガリレイの考察：点 A から斜面をころがり落ちた小球は，上りの斜面で減速されて，やがて点 A とほぼ同じ高さの点 B で止まる．斜面の傾きを小さくしていくと，小球が達する地点の水平方向の距離は長くなる．したがって，斜面の傾斜が 0 になれば，小球はどこまでも遠方にころがり続けると考えられる．

と表現した．これを**運動の第一法則**（または**慣性の法則**）と呼ぶ．物体が（静止しているという状態も含めた）運動の状態を保とうとする性質を**慣性**と呼ぶ．

走行している自動車は空気の抵抗や路面の傾斜がなければ，そしてブレーキをかけるという外力の作用がなければ，一定の速度で走行し続ける．また平らなテーブルの上にドライアイスの欠片を置いたとき，ドライアイスとテーブルの面との間に薄い二酸化炭素の膜ができて摩擦を減少させる．そのためドライアイスを手で弾いて動かしたとき，ドライアイスは一定の速度ですべり続けることを観測することができる．

1.4.2　運動の法則

物体に力がはたらいていないとき，物体の速度は一定に保たれる．逆に物体の速度が変化するならば，それは物体にはたらく力の作用である．物体に大きな力を加えたときには物体の速度は大きく変化する（すなわち大きな加速度を得る）という事実から，物体の加速度は物体にはたらく力の大きさに比例すると考えることができる．これを

$$\vec{F} = m\vec{a} \tag{1.31}$$

と表し，ニュートンの**運動方程式**と呼ぶ．ここで $\vec{a}$ は式 (1.4) で定義される加速度である．比例定数 m は力の大きさがどのくらい速度の変化を引き起こすかの目安となる量で，**慣性質量**と呼ばれる．同じ大きさの力を加えても，重い物体は運動の状態を変えにくい（慣性が大きい）という事実から，物体の重さを表す通常の質量が慣性質量になっていると考えてよい．したがってニュートンの**運動の第二法則**（単に運動の法則と呼ぶこともある）は

> **運動の第二法則（運動の法則）**
> 物体に力がはたらいたとき，力の方向と同じ方向に加速度が生じ，その大きさは力の大きさに比例し，物体の質量に反比例する．

と表現できる．

物体が加速度 $\vec{a}$ で運動している場合，運動方程式 (1.31) を

$$\vec{F} + (-m\vec{a}) = 0$$

と書くと，この物体には外から加えられた力 $\vec{F}$ に加えて $-m\vec{a}$ の力が加わり，その合力がつり合っていると解釈することができる．負符号が付いているのは

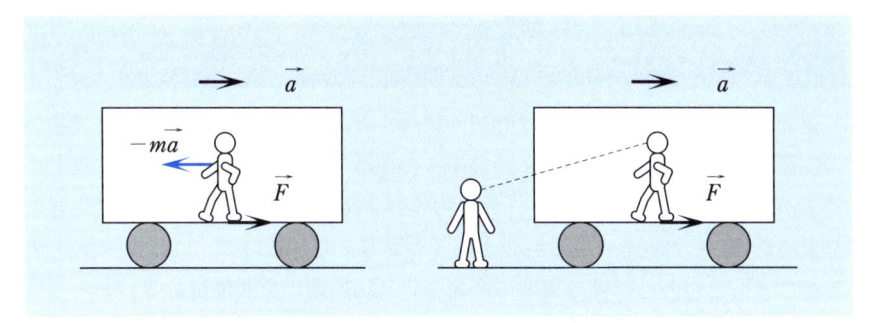

図 1.16 慣性力：電車が加速度 $\vec{a}$ で走りだしたとき，電車に乗っている人は，電車の進行方向と反対の方向に引かれていると感じる．この力と靴の底と電車の床との間の摩擦力がつり合って，電車に乗っている人は電車の中で静止している．一方，これを電車の外にいる人が見れば，摩擦力の作用に寄り，電車に乗っている人は電車とともに加速度 $\vec{a}$ で運動していると見なされる．

力の方向が加速度の方向と反対向きであることを表す．この加速度と向きが反対の見かけの力 $-m\vec{a}$ を**慣性力**と呼ぶ．電車が加速するときに身体が電車の進行方向と逆の方向に引かれるように感じるのは，この慣性力が靴底と床の間の摩擦力とつり合って，私たちは静止していると感じるからである．このとき駅のホームから見ている人にとっては，私たちの身体には摩擦力がはたらいて電車の進行方向に引っ張られ，その結果電車と同じ加速度で運動していると見えるのである（図 1.16）．

1.4.3 作用・反作用の法則

1.3.2 で議論したように，床の上に置かれた物体が床に力を及ぼすときに，物体は必ずその力と全く同じ大きさで向きが反対の力を床から受ける．また壁を押せば，壁は同じ大きさの力で押し返す．これを**運動の第三法則**（または**作用・反作用の法則**）と呼び，次のように表現する．

運動の第三法則（作用・反作用の法則）
物体 A が物体 B に力を及ぼすとき，物体 B もまた物体 A に同じ作用線上で大きさが等しく向きが反対の力を及ぼす．

したがって力というものは単独で現れることはなく，必ず力を及ぼす物体と及ぼされる物体が存在する．

1.5 いろいろな運動

運動する物体の位置と速度は時間の経過とともに変化する．したがって物体の位置座標 $\vec{r}$ や速度 $\vec{v} = d\vec{r}/dt$ を時刻 t の関数として追跡してやれば，運動の様子が理解できたことになる．一般に物体の位置座標 $\vec{r}$ と速度 $\vec{v}$（および時刻 t）を定めれば，そのときに物体にはたらく力が与えられるので，これを $\vec{F}(\vec{r}, \vec{v}, t)$ と書こう．この力と物体の速度の時間変化（加速度）を関係付けるニュートンの運動方程式 (1.31) は

$$m\frac{d^2\vec{r}}{dt^2} = \vec{F}\left(\vec{r}, \frac{d\vec{r}}{dt}, t\right) \tag{1.32}$$

あるいは，$\vec{r}$ と $\vec{v}$ に対する連立の方程式として，

$$\frac{d\vec{r}}{dt} = \vec{v}$$
$$\frac{d\vec{v}}{dt} = \frac{1}{m}\vec{F}(\vec{r}, \vec{v}, t)$$

と表される[4]．この運動方程式は，時刻 t の関数として与えられる物体の位置座標 $\vec{r}(t) = (x(t), y(t), z(t))$ が満たすべき方程式となっている．このような関数とその微分が満たす関数方程式を**微分方程式**と呼ぶ（27 ページ参照）．この節では具体的な問題に対して微分方程式の解を得て，実際の物体の運動を議論することにする．

---

[4] 式 (1.32) を成分ごとに書けば，

$$m\frac{d^2x}{dt^2} = F_x\left(\vec{r}, \frac{d\vec{r}}{dt}, t\right)$$
$$m\frac{d^2y}{dt^2} = F_y\left(\vec{r}, \frac{d\vec{r}}{dt}, t\right)$$
$$m\frac{d^2z}{dt^2} = F_z\left(\vec{r}, \frac{d\vec{r}}{dt}, t\right)$$

と表される．力の各成分は，物体の位置座標 $\vec{r}$ と速度 $\vec{v}$（および時刻 t）の関数で与えられる．

1.5 いろいろな運動

微分方程式

x と t の値に対して1つの値を与える関数 $F(x,t)$ を使って，変数 t の関数 $x(t)$ の1階微分（導関数）が方程式

$$\frac{dx}{dt} = F(x,t)$$

を満たすとき，これを関数 $x(t)$ に対する1階常微分方程式と呼ぶ．例えば，$F(x,t) = -ax$（a は定数）という関数を仮定すると，t の関数である $x(t)$ は，変数 t の値がどんな値であっても，$x(t)$ の微分が関数値 $x(t)$ に比例する（比例定数が $-a$）という特別な関係を満たすということを，この微分方程式は示している．微分方程式の解を求めるとは，この関係を満たす関数 $x(t)$ を見つけることである．

関数 $x(t)$ の微分を，小さな Δt を使って，

$$\frac{dx}{dt} \approx \frac{x(t+\Delta t) - x(t)}{\Delta t}$$

と近似すると，

$$x(t+\Delta t) = x(t) + F(x,t)\Delta t$$

を得る．$t=0$ から始めて，この式に従って $x(\Delta t), x(2\Delta t), \cdots$ の値を順に求めていけば，$t = n\Delta t$ での関数の値を（近似的に）求めることができる．

$F(x,t) = -ax$ の場合，

$$x(t+\Delta t) = (1 - a\Delta t)x(t)$$

が成り立つので，

$$x(n\Delta t) = (1 - a\Delta t)^n x(0)$$

を得る．$t = n\Delta t$ と置いて，$\Delta t \to 0$ の極限をとれば，

$$(1 - a\Delta t)^{t/\Delta t} = \left[(1 - a\Delta t)^{-1/a\Delta t}\right]^{-at}$$

より，この微分方程式を満たす解は

$$x(t) = x(0)e^{-at}$$

と求められる．ただし，ここで自然対数の底が満たす関係，

$$\lim_{h \to 0}(1+h)^{1/h} = e = 2.71828\cdots$$

を用いた．このように，関数 $x(t)$ とその微分の間に特別な関係が仮定されると，それに従って関数 $x(t)$ の形が決まってしまうのである．

1.5.1 等速直線運動

物体にはたらく力の合力が 0 である場合，運動方程式 (1.32) で $\vec{F} = 0$ と置くと，

$$m\frac{d\vec{v}}{dt} = 0$$

が導かれる．速度と加速度の関係を表す (1.7) より

$$\vec{v}(t) - \vec{v}(0) = \int_0^t \frac{d\vec{v}(t')}{dt'}\,dt' = 0 \Rightarrow \vec{v}(t) = \vec{v}(0) \tag{1.33}$$

が得られ，速度 $\vec{v}$ は時間によらず一定であることがわかる．したがって，物体にはたらく力の合力が 0 のときは，物体の速度が変化しないという運動の第一法則の主張を，第二法則は特別な場合として含んでいるともいえる．

物体の速度が一定の場合，物体の位置を時刻 $t = 0$ における速度 $\vec{v}(0)$（大きさを v_0 と書く）の方向に沿って測った距離 $x(t)$ により

$$x(t) - x(0) = \int_0^t v_0\,dt' = v_0 t \Rightarrow x(t) = x(0) + v_0 t \tag{1.34}$$

と与えられる．物体は文字通り，一定の速さ v_0 で同じ方向に運動を続けることになる．このような運動を**等速直線運動**または**等速度運動**と呼ぶ．

1.5.2 自由落下と放物運動

物体から静かに手を離したときに物体が落下する様子，あるいは物体を斜め上方に投げ上げたときの物体の運動は，物体に鉛直下向きに一定の重力がはたらくとして理解することができる．

座標軸として鉛直上向きを z 軸の正の方向に，水平方向に x 軸，y 軸をとることにする．質量 m の物体には鉛直下向きに重力 mg がはたらくので，物体にはたらく力は時間によらず，

$$\vec{F} = [0, 0, -mg]$$

と与えられる．ここで負符号は重力の向きが z 軸の正の向きとは反対の鉛直下向きであることを表す．物体の速度の x, y, z 成分を v_x, v_y, v_z と書いて，運動方程式を成分ごとに表せば，

1.5 いろいろな運動

$$\begin{cases} m\dfrac{dv_x}{dt} = 0 \\ m\dfrac{dv_y}{dt} = 0 \\ m\dfrac{dv_z}{dt} = -mg \end{cases} \tag{1.35}$$

となる．これより水平方向の物体の運動は等速直線運動となることがわかる．したがって，水平方向の物体の位置座標は，時刻 $t=0$ での速度 $v_x(0), v_y(0)$ を使って

$$x(t) = x(0) + v_x(0)t$$
$$y(t) = y(0) + v_y(0)t$$

と与えられる．

一方，鉛直方向の運動は

$$\frac{dv_z}{dt} = -g$$

より重力加速度 g は文字通り，重力がはたらく方向の加速度を与えていることがわかる．この方程式を解いて，鉛直方向の速度が

$$v_z(t) - v_z(0) = \int_0^t \frac{dv_z(t')}{dt'}\,dt' = -gt \Rightarrow v_z(t) = v_z(0) - gt \tag{1.36}$$

と求まる．さらにこの結果を使って，鉛直方向の位置は

$$z(t) - z(0) = \int_0^t v_z(t')\,dt' = v_z(0)t - \frac{1}{2}gt^2 \tag{1.37}$$

と計算される．ここで時刻 $t=0$ における速度を**初速度**と呼ぶ．$v_y(0) = 0$ であるように水平方向の座標軸をとると，一般の時刻 t における物体の位置が

$$\begin{aligned} x &= x(0) + v_x(0)t \\ y &= y(0) \\ z &= z(0) + v_z(0)t - \frac{1}{2}gt^2 \end{aligned} \tag{1.38}$$

と与えられる．

時刻 $t=0$ で物体をもった手をそっと離す場合は，初速度を 0 とすることに相当する．このような運動を**自由落下**と呼ぶ．このときは $x = x(0), y = y(0)$

となり，物体の水平方向の位置は変らず，物体は真下に落下する．また落下の距離は手を離してからの時間 t の 2 乗に比例して大きくなる．

例題 1.5

自由落下する物体が 50m の距離を落下するのに要する時間を求めよ．

【解答】 重力加速度の値を $g = 9.8 \,[\mathrm{m/s^2}]$ と置けば，

$$\frac{1}{2}gt^2 = 50$$

より約 3.2 [s] と得られる． ∎

例題 1.6

時刻 $t = 0$ で物体を真上に投げ上げた場合，物体ははじめは鉛直上方に上昇するが，やがて最高点に達して，その後は鉛直下向きに落下する．最高点に達する時刻を求めよ．

【解答】 鉛直方向の座標 z を t の関数と見たとき，物体が最高点に達する時刻は z が最大値をとる t の値に相当し，$t = v_z(0)/g$ と予測される． ∎

一般に初速度の水平方向の成分が 0 でない場合は，水平方向の等速直線運動と鉛直方向の落下運動を合成した運動となる．式 (1.38) の第 1 式と第 3 式から t を消去して，z を x の関数として表せば，物体が投げ上げられた後にたどる軌跡を見ることができる．結果は

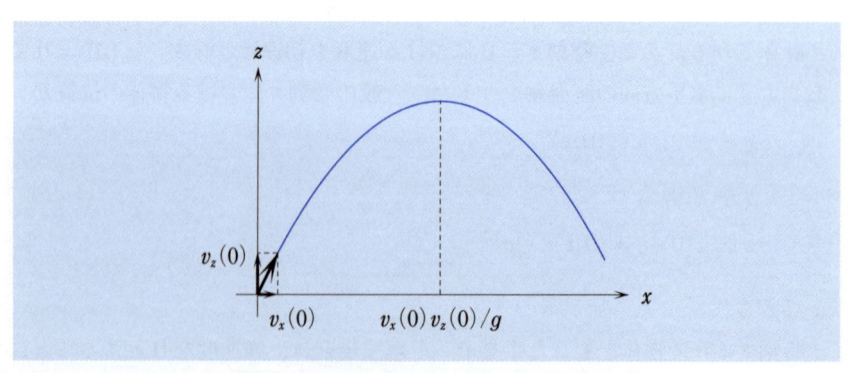

図 **1.17** 放物運動：xz 面内の物体の軌跡

$$z = z(0) + \frac{v_z(0)}{v_x(0)}x - \frac{g}{2v_x(0)^2}x^2 \tag{1.39}$$

となる．ここで表現を簡単にするために，$x(0) = 0$ と置いた．これより物体の軌跡は放物線となることがわかる（図 1.17）．このような運動を**放物運動**と呼ぶ．

時刻 $t = 0$ における位置と速度の値（初期値）によって，様々な状況を表すことができることに注意しよう．物体の運動は運動方程式に，$t = 0$ における位置と速度の**初期条件**が与えられて，はじめてその様子が定まるのである．

1.5.3 単振動

大きさ k のバネ定数のバネにつながれた物体の運動を見る．一端を壁に固定されたバネの他端に質量 m の物体を取り付ける．物体が置かれた床はなめらかで摩擦は無視できるものとすると，物体にはたらく力は物体の重力と物体が床から受ける垂直抗力，そしてバネの伸びに応じた弾性力である（図 1.18）．このうち，重力と垂直抗力は鉛直方向にはたらき，つり合いの状態にある．したがって，物体は鉛直方向には運動をしない．そこで水平方向の運動のみを考えればよい．

物体の位置座標として，バネが伸びも縮みもしないときの位置を $x = 0$ にとり，座標軸の向きはバネの伸びる方向を正にとる．物体の位置座標 x が正の場合は，バネが x だけ伸びていることを表し，そのとき物体にはバネが縮む方向に x に比例した大きさの力がはたらく．これより運動方程式の水平方向の成分は

$$m\frac{d^2x}{dt^2} = -kx \tag{1.40}$$

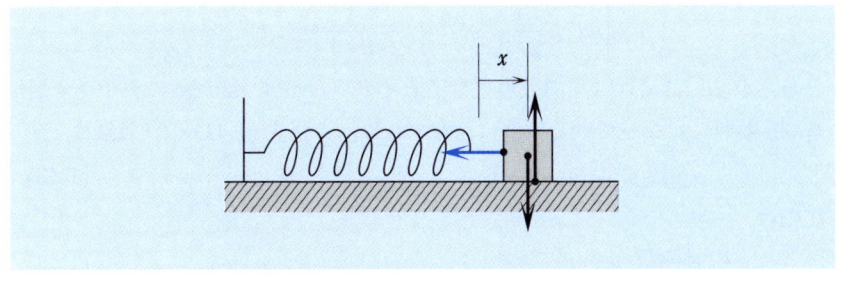

図 1.18 一端の固定されたバネにつながれた物体にはたらく力

と与えられる．ここで右辺の負符号は力の向きと座標軸 x の向きが反対であることを表す．両辺を m で割って $\omega = \sqrt{k/m}$ と置くと

$$\frac{d^2x}{dt^2} = -\omega^2 x \tag{1.41}$$

を得る．

この方程式を満たす t の関数 $x(t)$ を求める．微分方程式の解を公式として与えるのではなく，標準的な解法に従えば，自然に解が得られることを見るために，すこし丁寧に解を求めてみることにする．式 (1.41) に対して，

$$x(t) = \sum_{n=0}^{\infty} a_n t^n \tag{1.42}$$

の形の解を仮定してみよう．これを t で 2 回微分してみれば，

$$\frac{dx}{dt} = \sum_{n=1}^{\infty} a_n n t^{n-1}, \quad \frac{d^2x}{dt^2} = \sum_{n=2}^{\infty} a_n n(n-1) t^{n-2}$$

を得る．2 階微分の表式で，$n-2$ を新たに n と置きなおして方程式 (1.41) に代入すれば，

$$\sum_{n=0}^{\infty} (n+1)(n+2) a_{n+2} t^n = -\omega^2 \sum_{n=0}^{\infty} a_n t^n$$

となる．t の任意の値に対してこの方程式が成り立つためには，

$$a_{n+2} = -\frac{\omega^2}{(n+1)(n+2)} a_n$$

でなければならない．これより式 (1.42) の形の解は

$$x(t) = a_0 \left[1 - \frac{1}{2}(\omega t)^2 + \frac{1}{2 \cdot 3 \cdot 4}(\omega t)^4 + \cdots \right]$$
$$+ a_1 \left[\omega t - \frac{1}{2 \cdot 3}(\omega t)^3 + \frac{1}{2 \cdot 3 \cdot 4 \cdot 5}(\omega t)^5 - \cdots \right]$$

と与られる．ここで [ ] 内の表式はそれぞれ，$\cos \omega t$, $\sin \omega t$ のテイラー展開 (p.36 参照) になっていることに注意すれば，方程式 (1.41) の一般解は

$$x = a_0 \cos \omega t + a_1 \sin \omega t \tag{1.43}$$

または

$$x = x_0 \sin(\omega t + \theta) \tag{1.44}$$

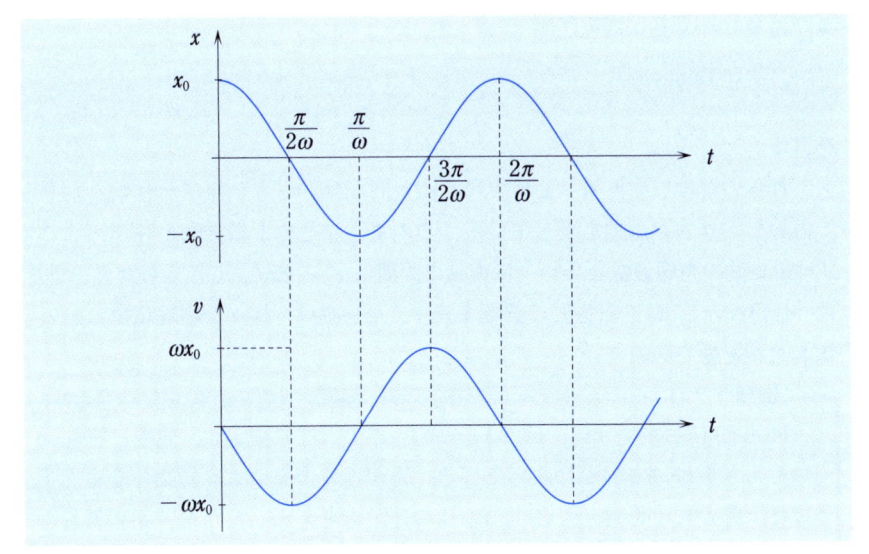

図1.19 単振動：バネの伸縮運動．時刻 $t=0$ で物体から手を離すと，バネの伸び x は減少を始める．このときの物体の速度は $v<0$ である．バネの伸びが 0 になる $t=\pi/2\omega$ では，物体の速度は $v=-\omega x_0$ で，物体は負の方向に最大の速さで $x=0$ の点（平衡位置）を通過する．時刻 $t=\pi/\omega$ では，バネは最も縮んだ状態（$x=-x_0$）となり，その後は再びバネは伸び始める．

と与えられる．ここで $x_0=\sqrt{a_0^2+a_1^2}$, $\tan\theta=a_0/a_1$ である．

定数 a_0 と a_1，あるいは x_0 と θ の値は，$t=0$ における初期条件を満たすように決定される．例えば，$t=0$ に物体を引っ張ってバネが x_0 だけ伸びたところで静かに手を離したとすると，初期条件は

$$x(0)=x_0, \quad \left(\frac{dx}{dt}\right)_{t=0}=0$$

と与えられる．これを満たす解は

$$x=x_0\cos\omega t$$

と求まる．このときの運動の様子を図1.19に示す．また $t=0$ でバネが伸びも縮みもしない状態で，物体に初速度 v_0 を与えた場合は初期条件は

$$x(0)=0, \quad \left(\frac{dx}{dt}\right)_{t=0}=v_0$$

と与えられ，これを満たす解

$$x = \frac{v_0}{\omega} \sin \omega t$$

を得る．

　これらの解はいずれも，1秒間に $\omega/2\pi$ 回だけ，バネが伸びたり縮んだりして振動をくり返す運動を表している．このような運動を**単振動**と呼ぶ．ここで ω は単振動の**角周波数**といい，単振動の**周期**は $T = 2\pi/\omega$ で与えられる．また，式 (1.44) の x_0 は，単振動の**振幅**を表す．単振動は，様々な物理現象において基本的な運動である．

例題 1.7

　図 1.20 に示すように，長さ l の糸の一端を天井に固定し，他端に質量 m のおもりを付けて静かにぶら下げる．糸がたるまないように物体をもち上げて，静かに手を離したときの物体の運動を考えよ．ただし，糸の質量や伸び縮みは無視できるものとする．

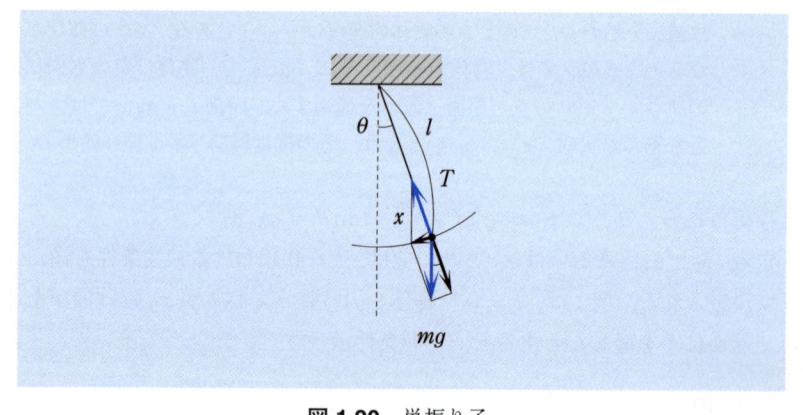

図 1.20 単振り子

【**解答**】　糸が鉛直方向となす角を θ としたとき，物体に加わる力は鉛直下向きの重力 mg と糸の張力 T である．これらの力を糸の方向とそれに垂直な方向の成分に分けると，糸の方向の成分はつり合いの式

$$T = mg \cos \theta$$

を満たす．一方，糸と垂直な方向の座標を半径 l の円弧に沿った距離と考える

と，この距離 x は $x = l\theta$ と表される[5]．この方向の成分に関する運動方程式は

$$m\frac{d^2 x}{dt^2} = -mg\sin\theta$$

と与えられる．糸の長さ l は一定であることと，糸の振れ角 θ が小さいときに成り立つ関係 $\sin\theta \approx \theta$ を用いると運動方程式は

$$ml\frac{d^2\theta}{dt^2} = -mg\theta$$

となる．これは角周波数 $\omega = \sqrt{g/l}$ の単振動の方程式である．$t = 0$ での初期条件を

$$\theta(0) = \theta_0, \quad \left(\frac{d\theta}{dt}\right)_{t=0} = 0$$

と与えれば

$$\theta = \theta_0 \cos\omega t$$

が得られる．単振動する振り子を**単振り子**と呼ぶ．これより振り子の周期は

$$T = 2\pi\sqrt{\frac{l}{g}}$$

と与えられ，振り子の振幅や糸の先に付けたおもりの質量によらない．これを振り子の等時性と呼ぶ．　■

---

[5] 扇形の弧の長さは中心角の大きさに比例する．この関係より角の大きさを定義することを**弧度法**という．半径 r，中心角 θ の弧の長さを $r\theta$ と表す．円周は半径の 2π 倍であるので，360 度は弧度法によれば 2π となる．弧度法によって角度を測ったときの単位を，[rad]（ラジアン）と呼ぶ．科学や工学において角度の大きさを表すときは，必ず弧度法を用いている．

> **テイラー展開**
>
> 変数 x のなめらかな関数[6] $f(x)$ が，x のべき級数
>
> $$f(x) = a_0 + a_1 x + a_2 x^2 + \cdots = \sum_{n=0}^{\infty} a_n x^n$$
>
> で表すことができる．ここで係数 a_n は以下のように決められる．まず上式に $x=0$ を代入したときに，$f(0) = a_0$ が得られる．次に，両辺を x で微分して，その結果に $x=0$ を代入すれば，$f^{(1)}(0) = a_1$ が得られる（$f^{(n)}(x)$ は $f(x)$ の n 階微分を表す．0 階微分は関数そのものと考えればよい）．以下同様にして，両辺を n 回微分した結果に $x=0$ を代入することにより，
>
> $$f^{(n)}(0) = n! a_n$$
>
> を得る．したがって，関数 $f(x)$ は
>
> $$f(x) = \sum_{n=0}^{\infty} \frac{1}{n!} f^{(n)}(0) x^n$$
>
> と表すことができる．これを関数 $f(x)$ のテイラー展開と呼ぶ．
>
> 例えば，指数関数 e^x を x で何回微分しても e^x であるので，
>
> $$e^x = \sum_{n=0}^{\infty} = \frac{1}{n!} x^n$$
>
> と与えられる．また三角関数は
>
> $$\frac{d}{dx} \sin x = \cos x, \quad \frac{d}{dx} \cos x = -\sin x$$
>
> を使えば，
>
> ---
> [6] 「なめらかな関数」には，数学では厳密な定義を与えなければならないが，ここでは詳しい定義には立ち入らないことにする．

1.5 いろいろな運動

$$\sin x = x - \frac{1}{3!}x^3 + \frac{1}{5!}x^5 - \cdots = \sum_{n=0}^{\infty} \frac{(-1)^n}{(2n+1)!} x^{2n+1}$$

$$\cos x = 1 - \frac{1}{2!}x^2 + \frac{1}{4!}x^4 - \cdots = \sum_{n=0}^{\infty} \frac{(-1)^n}{(2n)!} x^{2n}$$

と与えられる．さらに，$|x|$ が 1 に比べて十分に小さな値であると，$|x|^2, |x|^3, \cdots$ は $|x|$ に比べて，小さな値となる．そこで，テイラー展開の 2 次以上の項を無視すると，

$$\sin x \approx x, \quad \cos x \approx 1$$

の近似式が得られる．

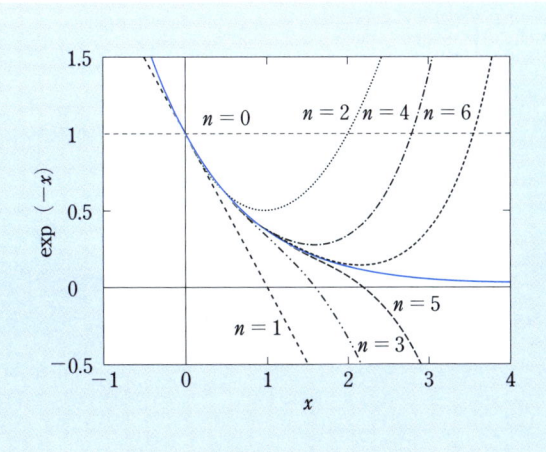

図 1.21 指数関数 e^{-x} とそのテイラー展開を途中で打ち切ったときの関数．打ち切りの次数を上げていくと，正しい関数に近づいていくことがわかる．

1.5.4 等速円運動

質量 m の物体が一端を固定した伸び縮みしない長さ r の糸の先につながれて，糸の張力の大きさ T が一定の状態で回転している場合を考える．物体は水平でなめらかな床の上を回転しているものとして，水平面内の運動だけを考える．水平面に直交する座標軸 x, y をとって，糸を固定した点を原点に，また糸と x 軸がなす角を θ とする（図 1.22）．物体の位置座標の x, y それぞれの成分について，運動方程式を書くと，

$$
\begin{aligned}
m\frac{d^2 x}{d^2 t} &= -T\cos\theta = -\frac{T}{r}x \\
m\frac{d^2 y}{d^2 t} &= -T\sin\theta = -\frac{T}{r}y
\end{aligned} \tag{1.45}
$$

となる．T と r は定数であるから，物体の運動は x 軸，y 軸方向ともに角周波数

$$\omega = \sqrt{\frac{T}{mr}} \tag{1.46}$$

の単振動となる．

時刻 $t=0$ で物体は x 軸上の点を速さ v で通過したとすると，初期条件は

$$
\begin{aligned}
x(0) &= r, \quad \left(\frac{dx}{dt}\right)_{t=0} = 0 \\
y(0) &= 0, \quad \left(\frac{dy}{dt}\right)_{t=0} = v
\end{aligned}
$$

と与えられる．これより物体の運動は

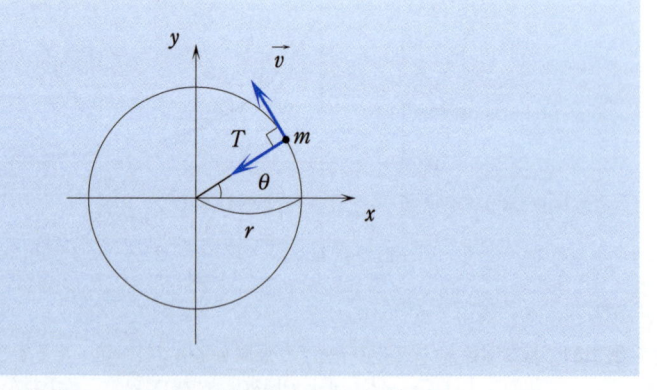

図 1.22 等速円運動

1.5 いろいろな運動

$$x(t) = r\cos\omega t$$
$$y(t) = \frac{v}{\omega}\sin\omega t$$

と与えられる．物体は長さ r の糸につながれて回転しているので，物体の運動の軌跡は半径 r の円である．このことより

$$v = r\omega$$

が導かれる．

この運動では，糸と x 軸のなす角 θ が毎秒 ω [ラジアン] の割合で増加すると見なすこともできるので，ω を**角速度**と呼ぶこともある．物体の速度の成分は

$$\frac{dx}{dt} = -v\sin\omega t$$
$$\frac{dy}{dt} = v\cos\omega t$$

となり，大きさは一定で（等速で），円の接線方向を向いている．

このように，その速度と垂直な方向に一定の大きさの力がはたらいている場合，物体は円周上を一定の速さで回転する．このような運動を**等速円運動**，それを生む速度に垂直方向の力を**向心力**と呼ぶ．上の例では糸の張力が向心力の役割を果していて，その大きさは式 (1.46) より，

$$F = mr\omega^2 = \frac{mv^2}{r} \tag{1.47}$$

と与えられる．

---- 例題 1.8 ----

赤道の上空を地球の自転と同じ周期で回る人工衛星を静止衛星と呼ぶ．静止衛星は通信や気象観測に利用されている．静止衛星の軌道を円形と考えて，その軌道半径を計算せよ．

【解答】 静止衛星の周期は $T = 24 \times 3600$[s] であることから，角速度は

$$\omega = \frac{2\pi}{T} = 7.27 \times 10^{-5} \quad [\text{rad/s}]$$

である．静止衛星にはたらく向心力 (1.47) は，衛星と地球の間にはたらく万有引力であると考えて，静止衛星の軌道半径を R，質量を m，地球の質量を M，と置くと，

$$mR\omega^2 = G\frac{Mm}{R^2}$$

が成り立つ．これを解いて，

$$R = \left(\frac{GM}{\omega^2}\right)^{1/3} = 4.23 \times 10^7 \quad [\text{m}]$$

が得られる．地球の半径を 6400 [km] とすれば，静止衛星は赤道の上空，約 36000 [km] のところを回る軌道にあることになる． ∎

1.5.5 空気抵抗の中での落下

自由落下の場合の考察 (1.5.2) によれば，物体の落下の速さは物体の質量とは無関係に決まっている．ところが人々は長い間，重い物体のほうが軽い物体より常に速く落ちると考えていた．これは日常的な経験から考えられたことであろうが，実際には，先の自由落下の考察では考慮されていなかった空気による抵抗がこの効果をもたらしている．

空気中では物体には速度の方向と反対の方向に，速度の大きさに比例した抵抗がはたらく．鉛直方向の運動方程式を

$$m\frac{dv_z}{dt} = -mg - kv_z = -k\left(v_z + \frac{mg}{k}\right) \tag{1.48}$$

と書こう．k は物体の大きさや形状に依存した定数で，同じ大きさと形で質量の異なる物体（例えば，テニスボールとそれと同じ大きさの鉄の球）に対して，同じ値をとると考えてよい．この方程式は変数分離型の微分方程式と呼ばれ，42ページに示すような標準的な解法が知られている．そこで，この方程式の解は

$$\int \frac{dv_z}{v_z - v_\infty} = -\int \frac{k}{m}dt + C$$

と求められる．ここで $v_\infty = -mg/k$ と置いた．C は任意の定数である．不定積分を計算すれば

$$\log(v_z - v_\infty) = -\frac{k}{m}t + C$$

より

$$v_z = v_\infty + C'\exp\left(-\frac{k}{m}t\right)$$

1.5 いろいろな運動

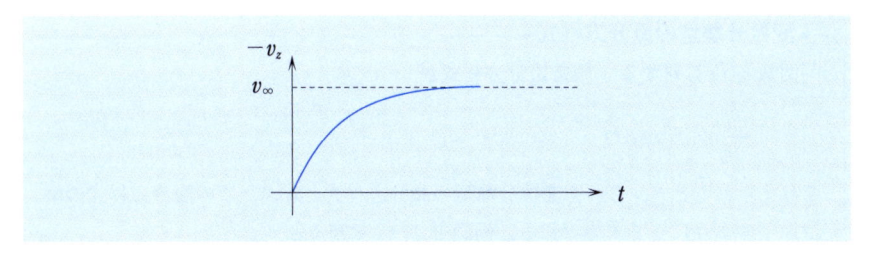

図 1.23 鉛直下向きの速さの変化と終端速度

を得る（$\exp(x)$ は指数関数 e^x を表す）．自由落下を考えて，$t=0$ で $v_z(0)=0$ とすると

$$v_z = v_\infty \left[1 - \exp\left(-\frac{k}{m}t\right)\right]$$

が得られる．

物体から手を離した後，十分に時間が経つと，物体の速度は $v_\infty = -mg/k$ に近づいていくことが予想される（図 1.23）．負の符号が付いているのは，鉛直下向きの速度をもつことを意味する．この落下速度の大きさを**終端速度**と呼ぶ．この結果，質量が大きいものほど終端速度が大きくなり，このことが重い物体が速く落ちるという経験に反映しているのである．

変数分離型の微分方程式

関数 $x(t)$ に対する 1 階常微分方程式が

$$\frac{dx}{dt} = f(x)g(t)$$

で与えられるとき，これを**変数分離型の微分方程式**と呼ぶ．この微分方程式の解は以下のようにして求められる．両辺を $f(x)$ で割ると

$$\frac{1}{f(x)}\frac{dx}{dt} = g(t)$$

を得る．ここで $\dfrac{1}{f(x)}$ の不定積分を，

$$F(x) = \int \frac{1}{f(x)}\,dx$$

と置く．x が t の関数であることに注意して，$F(x(t))$ を t について微分すれば，合成関数の微分により，

$$\begin{aligned}\frac{d}{dt}F(x(t)) &= \frac{dF}{dx}\frac{dx}{dt} \\ &= \frac{1}{f(x)}\frac{dx}{dt} = g(t)\end{aligned}$$

を得る．これを t で積分すれば

$$\begin{aligned}F(x(t)) &= \int \frac{1}{f(x)}\,dx \\ &= \int g(t)dt + C\end{aligned}$$

が得られる（C は任意の定数）．これが変数分離型の微分方程式の一般解である．

1.6 運動量

運動する物体が壁に衝突したときに，壁に与える衝撃の大きさで物体の運動を数量的に測ることができる．同じ速さで運動していても，1 kg の物体が壁に衝突するのと，100 kg の物体が衝突するのでは，壁が受ける衝撃は異なる．また同じ質量の物体であっても，時速 5 km（人が歩く速さ）で衝突するのと，時速 100 km で衝突するのとでも，壁が受ける衝撃は異なる．したがって質量 m と速度 $\vec{v}$ が運動している物体の運動の大きさの目安となる．そこで

$$\vec{p} = m\vec{v} \tag{1.49}$$

という量を定義し，物体の**運動量**と呼ぶ．運動量は速度と同様に大きさと向きをもったベクトル量である．

1.6.1 力積

ボールが壁に衝突してはねかえってくるという運動を考えてみよう．ボールが壁にぶつかった後，ボールは変形し，その変形が元に戻るときにボールは反対向きの速度を得，はねかえってくる（図 1.24）．この過程はボールがもつ運動量だけでなく，ボールや壁の弾性的な性質（どんな材質でできているか，ボールに空気は十分入っているかなど）にも依存する大変に複雑な過程である．これをあえて運動方程式で追跡してみる．

ボールが壁にぶつかった瞬間の時刻を $t = 0$，ボールが壁から離れる瞬間の時刻を $t = \Delta t$ として，ボール（質量 m）の速度を $\vec{v}(t)$，ボールが壁に触れている間にボールが壁から受ける力を時刻 t に依存する力と考えて $\vec{F}(t)$ と書けば，運動方程式より

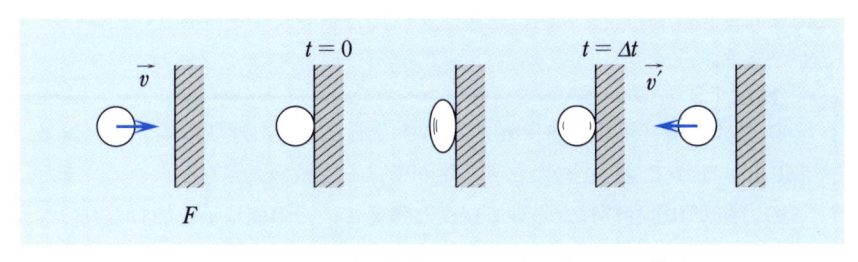

図 1.24 ボールが壁に衝突して，はねかえされる様子

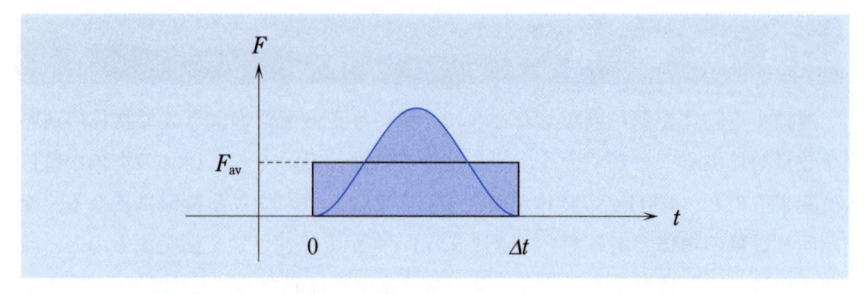

図 1.25 短い時間 Δt の間にボールにはたらく力と平均の力

$$m\vec{v}(\Delta t) - m\vec{v}(0) = \int_0^{\Delta t} m\frac{\vec{v}(t')}{dt'} dt' = \int_0^{\Delta t} \vec{F}(t') dt'$$

が得られる．ここで左辺は衝突の前後でのボールの運動量の変化になっている．力 $F(t)$ の時間変化は，例えば図 1.25 のようになるであろうが，それを詳しく測ることは難しい．そこで，ボールが壁に触れていた短い時間 Δt の間に，平均的な力 $\vec{F}_{av}$ がはたらいていたと見なして

$$\int_0^{\Delta t} \vec{F}(t') dt' = \vec{F}_{av} \Delta t \tag{1.50}$$

と書いてみよう．これによりボールの衝突前後の運動量の変化は

$$m\vec{v}(\Delta t) - m\vec{v}(0) = \vec{F}_{av} \Delta t \tag{1.51}$$

と与えられる．ここで右辺に現れた量を**力積**と呼ぶ．

物体に外から力を加えたとき，力の大きさや向き，そして作用している時間が全てわかれば，その間にわたって力を積算した積分の値で，式 (1.50) のように力積を定義すればよい．一方，物体にはたらく力がわからない場合でも，物体の運動量の変化から式 (1.51) のように力積が求められる．すなわち，「物体の運動量の変化はその変化の間に物体が受けた力積の大きさに等しい」ということができる．

例題 1.9

秒速 30 [m]（時速 108 [km]）の速さで飛んできた野球のボール（質量 150 [g]）を手で受け止めたとき，手が受ける力積の大きさを求めよ．またこの力積が 0.1 秒間はたらいていたと考えて，その間に手に加わる力の大きさを計算せよ．

1.6 運動量

【解答】 ボールにはたらく力と手が受ける力は作用・反作用の関係にあるので，大きさは等しく，向きが反対である．Δt の間に，平均の力 F_{av} がはたらいていたと考えると，力積の大きさは．$v(\Delta t)=30\,[\mathrm{m/s}]$, $v(0)=0$ と考えて，

$$F_{\mathrm{av}}\Delta t = 0.15 \times 30 = 4.5 \quad [\mathrm{N\cdot s}]$$

と計算される．$\Delta t=0.1[\mathrm{s}]$ とすれば，手が受ける平均の力は $45\,[\mathrm{N}]$ となり，$45/9.8 \approx 4.6$ より，$4.6\,[\mathrm{kg}]$ の物をもつ程度の力を要することがわかる． ■

1.6.2 運動量の保存

質量 m の物体が2つあって1つは静止し（物体1と呼ぶ），もう1つ（物体2）は速度 $\vec{v}$ で運動して静止した物体1に衝突する（図 1.26）．衝突後は物体1が速度 $\vec{v}$ で運動し，物体2は静止する．これは同じ大きさのビー玉を使った簡単な実験で確かめることができる．このとき衝突の前後で物体のもつ運動量はどのように変化しているだろうか．物体1は衝突前は静止しているので運動量は0，衝突後は運動量 $m\vec{v}$ を獲得する．一方，物体2は衝突前にもっていた運動量 $m\vec{v}$ を衝突により失う（衝突後は運動量0）．このとき物体1と物体2がもつ運動量の総和は，衝突の前後でともに $m\vec{v}$ で変化しない．

以上のことは次のように理解できる．もっと一般的に，物体1, 2の質量を m_1, m_2，衝突の前後の速度をそれぞれ $\vec{v}_i, \vec{v}_i'$（$i=1,2$）とする．衝突による運動量の変化はそれぞれの物体が受けた力積 $\vec{F}_i \Delta t$ に等しいので

$$m_i \vec{v}_i' - m_i \vec{v}_i = \vec{F}_i \Delta t$$

と書ける．ここで $\vec{F}_1$ は物体1が物体2から受ける力，$\vec{F}_2$ は物体2が物体1から受ける力である．これらは互いに作用・反作用の関係にあるので，作用・反作用の法則により $\vec{F}_1 = -\vec{F}_2$ が成り立つ．これより，

$$m_1 \vec{v}_1' - m_1 \vec{v}_1 = -(m_2 \vec{v}_2' - m_2 \vec{v}_2)$$

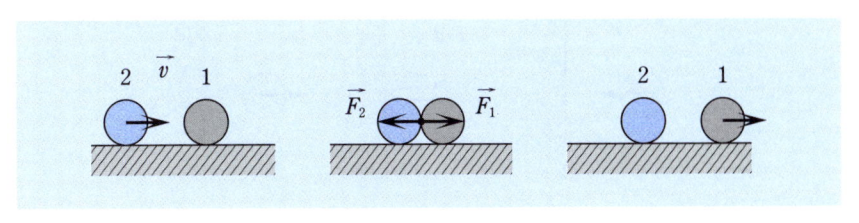

図 1.26　2物体の衝突

したがって，運動量の総和は衝突の前後で変化しないこと

$$m_1\vec{v}_1 + m_2\vec{v}_2 = m_1\vec{v}_1' + m_2\vec{v}_2'$$

が導かれる．以上のことを運動量保存の法則と呼び，次のように表現できる．

運動量保存の法則
物体同士が互いに力を及ぼし合うだけで，外力が加わっていないとき全体の運動量の総和は一定に保たれる．

1.6.3 反発係数

物体が壁に衝突しはねかえる過程を問題にしてみよう．物体がなめらかな水平の床をすべってきて，壁に垂直に衝突した場合を考えよう．壁に向かう方向を正の方向にとって，衝突前の物体の速度を v，衝突後の物体の速度を v' とする（図1.27）．物体は衝突後ははねかえされて衝突前と反対の方向に運動するので，$v' < 0$ である．このとき衝突前後の速さの比

$$e = -\frac{v'}{v} \tag{1.52}$$

を**反発係数**または**はねかえり係数**と呼ぶ．このとき物体が受ける力積は

$$F\Delta t = mv' - mv = -mv(e+1)$$

である．

一般に，衝突後の速さが衝突前の物体の速さを上回ることはないので

$$0 \leq e \leq 1$$

である．特に $e = 1$ のときは，衝突前後で物体の速さが同じで，このような衝突を**弾性衝突**と呼ぶ．これに対して，$e < 1$ の場合は**非弾性衝突**と呼ぶ．$e = 0$

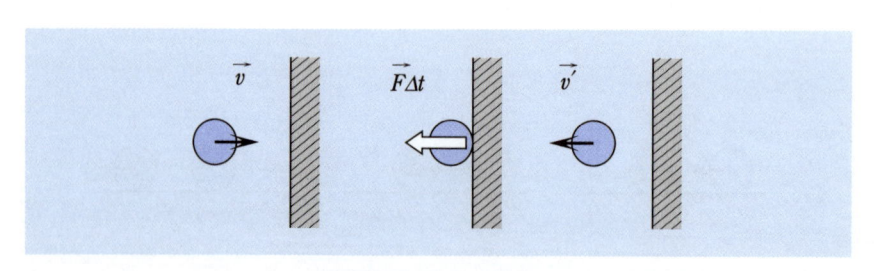

図 1.27 壁との衝突

の場合は，衝突後の物体の速さが 0，すなわち物体が壁に貼り付いてしまう場合を表し，これを完全非弾性衝突という．

2 つの物体が一直線上で衝突をする場合は，上の議論における衝突前後の速度を，2 物体の相対速度[7]と考えればよい．すなわち 2 物体間の反発係数を e として衝突前の物体の速度を v_1, v_2，衝突後の速度を v'_1, v'_2 と置くと

$$e = -\frac{v'_1 - v'_2}{v_1 - v_2} \tag{1.53}$$

が成り立つ．ここで $v_2 = v'_2 = 0$ と置けば壁との衝突の場合を表すことは明らかであろう．また図 1.26 のようなことが起きるのは，$e = 1$，すなわち弾性衝突の場合であることもわかる．

---- 例題 1.10 ----
水平面上を速さ 3 [m/s] で右向きに運動してきた小球 A（質量 20 [g]）が，速さ 5 [m/s] で左向きに運動してきた小球 B（質量 10 [g]）と正面衝突した．2 つの小球の反発係数を 0.8 として，衝突後の速度を求めよ．

【解答】 衝突前の速度を v_A, v_B，衝突後の速度を v'_A, v'_B と書くと，右向きを正の方向にとれば，

$$v_A = 3, \quad v_B = -5 \quad [\text{m/s}]$$

である．運動量保存の法則により

$$0.02 v_A + 0.01 v_B = 0.01 = 0.02 v'_A + 0.01 v'_B$$

また衝突前後の相対速度の比より

$$v'_A - v'_B = 0.8 \times (v_B - v_A) = -6.4$$

が成り立つ．これらを解いて，

$$v'_A = -1.8, \quad v'_B = 4.6 \quad [\text{m/s}]$$

が得られ，小球 A は左向きに，B は右向きに運動することが予想される． ■

---

[7] 速度 $\vec{v}_a$ で運動する物体 a を，速度 $\vec{v}_b$ で運動する観測者 b が見たとき，物体は $\vec{v}_a - \vec{v}_b$ の速度で運動しているように見える．このとき $\vec{v}_a - \vec{v}_b$ を a の b に対する相対速度という．

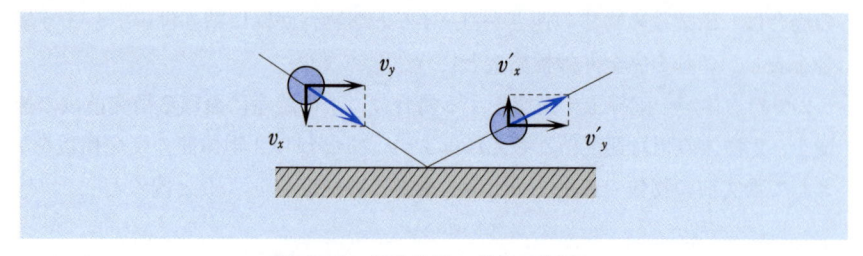

図 1.28 斜め入射の場合の衝突

なめらかな壁に斜めに衝突する場合は，物体の速度を壁に垂直な成分（x 成分）と壁に平行な成分（y 成分）とに分解する（図 1.28）．壁に平行な成分については，壁がなめらかな場合に物体に力を及ぼすことはないので，衝突の前後で速度は変化せず

$$v'_y = v_y$$

が成り立つ．一方，壁に垂直な成分は物体と壁との反発係数を e として

$$v'_x = -ev_x$$

が成り立つと考えればよい．この結果，入射角と反射角は，弾性衝突（$e=1$）の場合を除いて一般に等しくない．

1.7 仕事と力学的エネルギー

重い荷物を棚の上にのせるとか，あるいは棚から荷物をおろすといった作業はそれなりに体力を使うので，私たちは仕事をしたと感じる．しかしながら物理学で仕事とは，私たちの日常生活で単に力を出して作業をしたというのとは少し違った意味で用いられている．

物体に力 F を加えて，その方向に x だけ移動させたとき，「$W = Fx$ の仕事をした」という．もう少し厳密に定義するには，力も物体の移動も大きさと方向をもつベクトル量であることに注意する．仕事には力の成分のうちで，物体が移動した方向の成分だけが加算されるということを考慮すれば，力 $\vec{F}$ の作用のもとで，$\vec{x}$ だけ物体を動かしたときの仕事 W は

$$W = \vec{F} \cdot \vec{x} = |\vec{F}||\vec{x}|\cos\theta \tag{1.54}$$

と表すことができる（図 1.29）．ここで $\vec{F} \cdot \vec{x}$ はベクトル $\vec{F}$ と $\vec{x}$ の内積を表し，θ はこれらのベクトルがなす角である．$|\vec{F}|\cos\theta$ は力 $\vec{F}$ の物体が移動した方向の成分を与える．仕事の単位には [J]（ジュールと読む）を用い，1 [N] の力を加えて物体をその方向に 1 [m] 移動したときの仕事を 1 [J] の仕事という．

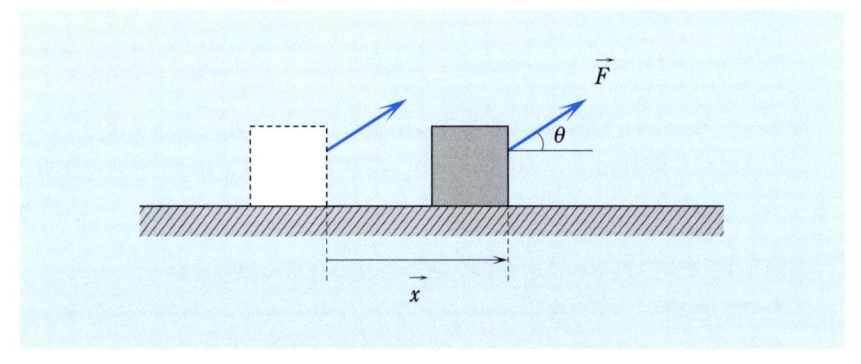

図 1.29 物体に加える力のする仕事

例題 1.11

図 1.30 のように，傾斜角 θ の斜面を質量 m の物体に綱を付けて引きずり上げる．このとき外力がする仕事を求めよ．ただし，物体と斜面との間の摩擦は無視できるものとする．

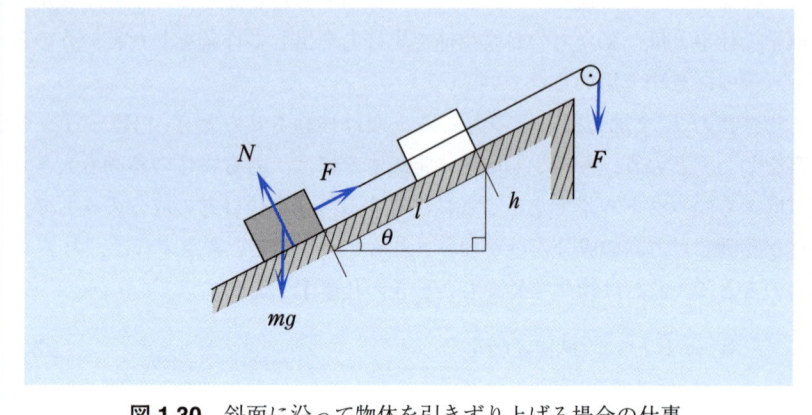

図 1.30 斜面に沿って物体を引きずり上げる場合の仕事

【解答】 物体にはたらく力のつり合いから，物体を引きずり上げるのに必要な力 F は $mg\sin\theta$ となる．斜面に沿って距離 l だけ物体を引きずり上げたとすると，この外力 F のした仕事は

$$W = mgl\sin\theta$$

となる．一方，この作業の前後の物体の位置の高低差は $h = l\sin\theta$ なので，この仕事は物体を重力 mg とつり合う力で，高さ h だけ持ち上げたときの仕事と等しいことがわかる．

例題 1.11 より，以下のことがいえる．これを仕事の原理という．

仕事の原理
物体を引き上げるのに，なめらかな斜面や滑車を利用すれば加える力は小さくすることができるが，仕事の量を減らすことはできない．

また例題の場合と逆に，物体が斜面をすべり落ちないように支えながら，ゆっくり物体を下ろしたときにした仕事は

$$W = mg\sin\theta \times (-l)$$

となる．l の前についた負符号は，力の方向とは反対に l だけ移動したことによる．したがってこの場合には物体を支えている力 F は**負の仕事**をしたという．

仕事の効率を比べるには，1 秒間にどれだけの仕事をするかを比べればよい．このような 1 秒当たりにする仕事を**仕事率**と呼び，1 秒間に 1[J] の仕事をする場合の仕事率を 1[W]（ワットと読む）という．また仕事率が 1[W] の機械を 1 時間動かしたときにされる仕事を，1[Wh]（ワット時と読む）という場合がある．したがって 1[Wh] の仕事とは 3600[J] の仕事にほかならない．

1.7.1 運動エネルギー

物体が外力 $\vec{F}$ のもとで短い時間 Δt の間に $\Delta \vec{r}$ だけ移動したとする．この間の外力 $\vec{F}$ がする仕事は，$\Delta W = \vec{F} \cdot \Delta \vec{r}$ である．物体は速度 $\vec{v}$ で動いているとすると，Δt の間の移動 $\Delta \vec{r}$ は $\Delta \vec{r} = \vec{v} \Delta t$ である．したがって，この間に外力 $\vec{F}$ のした仕事は

$$\Delta W = \vec{F} \cdot \vec{v} \Delta t$$

となる．物体の質量を m として運動方程式

$$\vec{F} = m\frac{d\vec{v}}{dt}$$

を代入すれば

$$\Delta W = m\frac{d\vec{v}}{dt} \cdot \vec{v} \Delta t = \frac{d}{dt}\left(\frac{1}{2}m|\vec{v}|^2\right) \Delta t \tag{1.55}$$

が得られる．そこで

$$K = \frac{1}{2}m|\vec{v}|^2 \tag{1.56}$$

により**運動エネルギー**を定義すれば，式 (1.55) の右辺は，力 $\vec{F}$ がはたらいていた短い時間 Δt の間の運動エネルギーの変化を表している．以上のことから，外力 $\vec{F}$ が物体に作用したときに，物体の運動エネルギーの変化は外力がする仕事に等しいということができる．

例題 1.12

質量 m の物体を重力のもとで自由落下させる場合を考える．初速度は 0 として距離 h だけ落下したときに，物体が得る運動エネルギーを求めよ．

【解答】 物体が距離 h だけ落下するのに要する時間 t は式 (1.38) の議論より

$$h = \frac{1}{2}gt^2$$

から，$t = \sqrt{2h/g}$ と求められる．このときの物体の鉛直下向きの速さは $v = gt = \sqrt{2gh}$ であるから h だけ自由落下したことにより

$$K = \frac{1}{2}mv^2 = mgh$$

だけの運動エネルギーを得たことになる．この値は，鉛直下向きにはたらく重力 mg が，物体をその方向（鉛直下向き）に h だけ運んだことにより，重力が物体に対してした仕事に等しい． ∎

1.7.2 位置エネルギー

質量 m の物体をゆっくりと h だけ高いところに持ち上げる場合を考える．このとき物体を支えるために鉛直上向きに力 $F_\text{ext} = mg$ を加えているので，この力のした仕事は，高低差 h をかけて $W = mgh$ となる．したがって，物体はこの仕事に相当するエネルギーを獲得したと考えられる．このような物体の位置に関係するエネルギーを**位置エネルギー**または**ポテンシャルエネルギー**[8]という．この例ではポテンシャルエネルギーの原因となっている力は重力である．重力のポテンシャルエネルギーは，適当な高さの点を原点にとって，鉛直上向きの座標 z を用いて

$$U(z) = mgz \tag{1.57}$$

と与えられる．$z = h$ にある物体はポテンシャルエネルギー mgh をもっている．例題 1.12 で見たように，$z = h$ の高さから $z = 0$ の点まで自由落下をさせたとき，物体は mgh だけの運動エネルギーを獲得する．これは，自由落下によりポテンシャルエネルギーが運動エネルギーに変化したと解釈できる．

同様の考え方はほかの力に対しても適用できる．フックの法則に従うバネの弾性力の場合，バネの伸び縮みを表す座標をバネが伸びる方向を正として x と書くことにしよう．水平でなめらかな床の上に物体を置いて一端を壁に固定し他端を物体に取り付けたバネ定数 k のバネを考える．物体を引いてバネの伸びが x となったとき物体を右方向に引く力は $F_\text{ext}(x) = kx$ である（図 1.31）．

---

[8] 高校の物理の教科書では，位置エネルギーという用語が用いられているが，ここではより一般的なポテンシャルエネルギーという用語を用いることにする．

1.7 仕事と力学的エネルギー

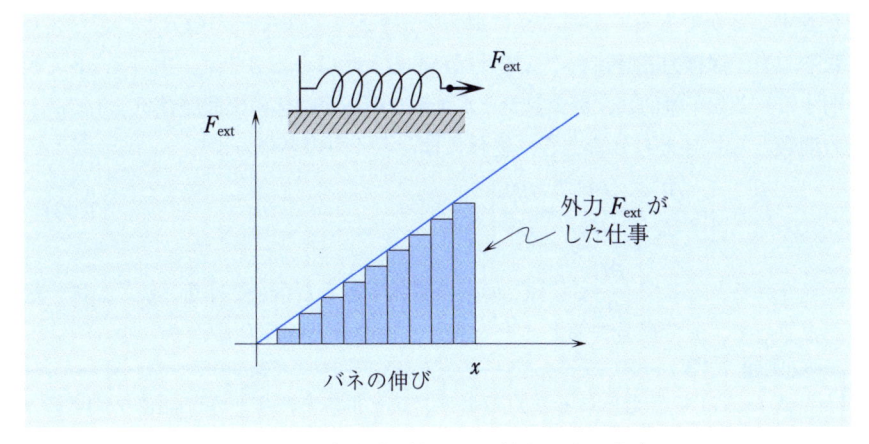

図 1.31 バネを伸ばすために外力がする仕事

物体をさらに引いてバネの伸びを dx だけ増加させるために外力がする仕事は，$dW = F_\text{ext} dx$ となる．バネの伸びが $x + dx$ になると，物体を引く外力の大きさも $F_\text{ext}(x + dx) = k(x + dx)$ にならなければならない．したがって，バネの伸びのない状態から dx ずつバネを伸ばして最終的に伸びが x になるまでに外力がする仕事は，外力の大きさが変化することも考慮して，

$$W = F_\text{ext}(0)dx + F_\text{ext}(dx)dx + \cdots + F_\text{ext}(x - dx)dx$$

と与えられる．ここで dx を十分に小さくとって，右辺の総和を積分になおせば，伸びが x のバネに蓄えられるポテンシャルエネルギーは

$$U(x) = \int_0^x F_\text{ext}(x')\,dx' = \int_0^x kx'\,dx' = \frac{1}{2}kx^2 \tag{1.58}$$

と表される．

以上の議論で，物体に作用して仕事をする外力 F_ext は，物体に作用している重力やバネの弾性力とつり合う力であることに注意しよう．この外力を使ってポテンシャルエネルギーが (1.58) のように積分の形で与えられている．F_ext とつり合う重力やバネの弾性力は，F_ext の符号を変えたものであるので，逆にポテンシャルエネルギーを使って，

$$F = -\frac{dU}{dx} \tag{1.59}$$

と表すことができる．このようにポテンシャルエネルギーの微分として与えられる力を，**保存力**と呼ぶ．ここで「保存」力と呼ばれる意味は，次の 1.7.3 で説明する．より一般的に，ポテンシャルエネルギーが物体の位置座標 $\vec{r} = (x, y, z)$ の関数として与えられるとき，物体にはたらく力の各成分が

$$\vec{F} = \left[-\frac{\partial U}{\partial x}, -\frac{\partial U}{\partial y}, -\frac{\partial U}{\partial z}\right] \tag{1.60}$$

と表される．ここで $\dfrac{\partial U}{\partial x}$ は「x, y, z の関数である $U(x, y, z)$ を，y と z は一定だと思って，x で微分する」ことを表し，偏微分と呼ばれる．

例題 1.13

式 (1.57) で与えられる重力のポテンシャルエネルギーが，鉛直下向きの重力を与えることを確かめよ．

【解答】 z 軸を鉛直上向きに x, y 軸を水平方向にとって，ポテンシャルエネルギーの表式 (1.57) を使えば，

$$\vec{F} = [0, 0, -mg]$$

が得られる．重力 mg が鉛直下向きに作用することを表している． ∎

1.7.3 力学的エネルギーの保存

物体にはたらく力が保存力の場合，運動方程式は

$$m\frac{dv}{dt} = -\frac{dU}{dx}$$

と表すことができる．右辺を移項し $v = \dfrac{dx}{dt}$ をかけると，

$$m\frac{dv}{dt}v + \frac{dU}{dx}\frac{dx}{dt} = \frac{d}{dt}\left(\frac{1}{2}mv^2 + U\right) = 0$$

が得られる．これより

$$E = \frac{1}{2}mv^2 + U(x) \tag{1.61}$$

は時間によらず一定の値となることがわかる．物体の速度，位置座標がベクトル量として与えられる場合は，式 (1.61) を

$$E = \frac{1}{2}m|\vec{v}|^2 + U(\vec{r}) \tag{1.62}$$

1.7 仕事と力学的エネルギー

と読み換えればよい．運動エネルギーとポテンシャルエネルギーの和を**力学的エネルギー**と呼ぶ．物体にはたらく力が保存力の場合，力学的エネルギーの総和は時間によらず一定に保たれる．これを**エネルギー保存の法則**という．

例題 1.14

エネルギー保存の法則が成り立つことを，単振動を例に確かめよ．

【解答】 単振動の項 1.5.3 で見たようにバネにつながれた物体は時間とともに位置座標（バネの伸び）x と速度 v が

$$x = x_0 \sin \omega t, \quad v = \frac{dx}{dt} = \omega x_0 \cos \omega t$$

のように振動する．ここで ω は $\sqrt{k/m}$ と定義される角周波数である（m は物体の質量，k はバネ定数）．これを式 (1.61) に代入すれば，式 (1.58) を使って

$$\begin{aligned} E &= \frac{1}{2} m \omega^2 x_0^2 \cos^2 \omega t + \frac{1}{2} k x_0^2 \sin^2 \omega t \\ &= \frac{1}{2} k x_0^2 (\cos^2 \omega t + \sin^2 \omega t) \\ &= \frac{1}{2} k x_0^2 \end{aligned}$$

が導かれる．したがって力学的エネルギーは時間によらず一定の値に保たれるがわかる． ∎

物体にはたらく力が保存力でない場合は，力学的エネルギーが保存することはない．保存力ではない力の例が摩擦力である．動摩擦係数が μ' である水平な床の上を質量 m の物体がすべりながら移動する場合を考えてみよう．水平方向の運動方程式は

$$m \frac{dv}{dt} = -\mu' m g$$

で与えられる．これを積分して，時刻 t における速度は

$$v(t) = v(0) - \int_0^t \mu' g \, dt' = v(0) - \mu' g t$$

と求められる．初速度 $v(0)$ ですべり始めた物体が，摩擦力のために停止する時刻は，$v(t) = 0$ と置くことにより，時刻 $t = v(0)/\mu' g$ と求められる．停止するまでに進む距離は

$$l = x(t) - x(0) = \int_0^t v(t')dt' = \frac{1}{2}\frac{v(0)^2}{\mu' g}$$

と求められる．これだけの距離を一定の動摩擦力 $F = \mu' mg$ を受けながら進んだ結果，摩擦力により

$$W = -Fl = -\frac{1}{2}mv(0)^2$$

の負の仕事がなされたことになる．したがって，時刻 $t=0$ でもっていた運動エネルギーが，すべて摩擦力により失われたことになる．このように保存力でない力が物体にはたらいた場合には，力学的エネルギーは損失を受けることになる．反発係数が $e<1$ の壁で物体がはねかえされる場合にも運動エネルギーは

$$\Delta K = \frac{1}{2}mv^2(e^2 - 1) < 0$$

だけの変化を受けエネルギーが失われる．

1章の問題

☐ **1** 傾斜が一定の斜面（傾きの角度を θ とする）に，質量 m の物体を置いた場合を考える．斜面の最大静止摩擦係数は μ とする．
 (1) 物体が静止している場合の力のつり合いを説明せよ．
 (2) 斜面の傾きを大きくして物体がすべり始める直前の斜面の傾き θ_0 を求めよ．

☐ **2** 質量 m，長さ l の一様な太さの棒を，水平の床から鉛直な壁に鉛直からの傾き θ でたてかける．床と壁の摩擦は無視できるものとしたとき，棒がすべって倒れないように棒と床との接点で加えなければならない力の大きさを求めよ．

☐ **3** 高さ h のところから自由落下する標的に，落下地点から水平距離にして l だけ離れたところから打ち出される弾丸を命中させることを考える（図1.32）．弾丸が打ち出されるときの速さを v として，弾丸を打ち出すべき方向を決定せよ．ただし，標的が自由落下を始める時刻 $t=0$ に，弾丸が打ち出されるものとする（命名の是非はともかく，この問題はモンキーハンティングの問題と呼ばれている）．

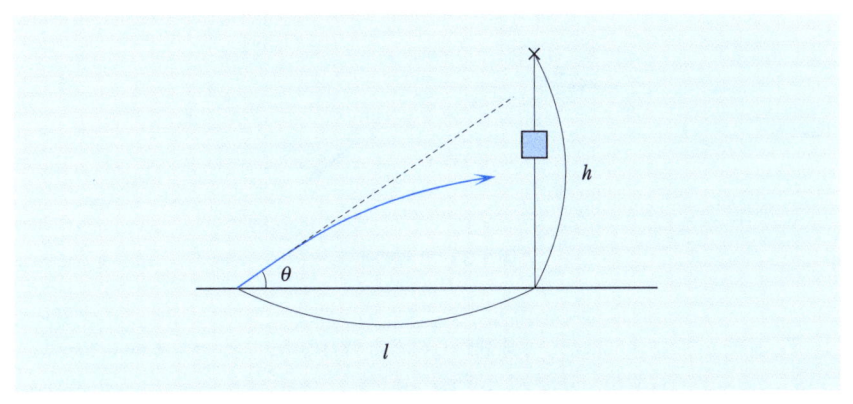

図 1.32 標的と弾丸を打ち出す位置

☐ **4** 列車の中で，長さ l の糸の端を天井に固定し，他端に質量 m のおもりを付ける．おもりは鉛直方向にぶら下がって静止していたところ，時刻 $t=0$ に列車が一定の加速度 a で運動を始めた．このときのおもりの運動を調べよ．ただし，糸の伸び縮みはないものとし，質量も無視できるものとする．

□**5** 長さ l の糸の先に質量 m の物体を付けて，他端 O を固定する．物体が鉛直面内を点 O を中心として円運動をする場合を考える．ただし，糸の伸び縮みや質量は無視できるものとする．

(1) 物体が完全な円運動をするためには，物体は最高点に達したときに，少なくともどれだけの速度をもっていなければならないか．
(2) そのときに，物体が最低点でもつ速度はいくらか．
(3) 物体が，最低点および最高点を通過するときに糸にはたらく張力の大きさを求めよ．

□**6** 水平面上を速度 v で運動する質量が m_1 の小球 1 が，静止した質量 m_2 の小球 2 に衝突した．衝突後は，小球 1,2 は衝突前の速度の向きに対してそれぞれ，θ_1, θ_2 の角度をなす方向に運動した（図 1.33）．衝突後の小球の速度を求めよ．またこの衝突の際に小球が受ける力積を求めよ．

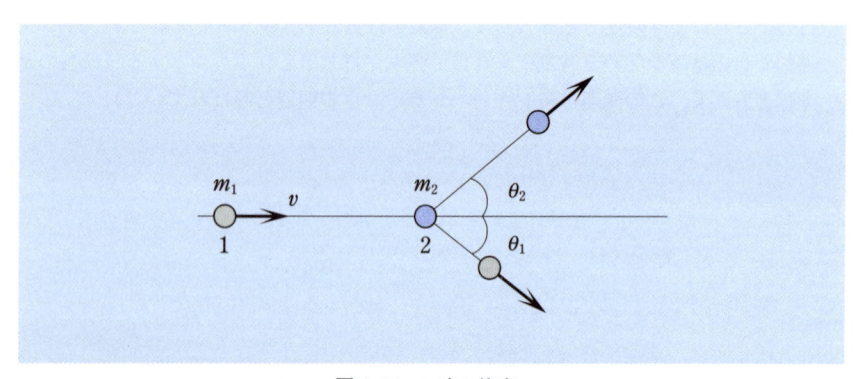

図 1.33 2 球の衝突

□**7** 質量 m の物体にはたらく地球からの万有引力のポテンシャルエネルギーは，
$$U(r) = -\frac{GMm}{r}$$
と与えられることを示せ．ただし，M は地球の全質量，r は地球の中心からの距離，G は万有引力定数である．またこれを利用して，地表（地球の中心からの距離を R [m] とする）から鉛直上向きに速度 v [m/s] で打ち上げられた物体（質量 m [kg]）が到達できる最高高度 h [m] を求めよ．

2 電磁気

　電気，磁気にかかわる現象は古代ギリシャの時代から知られていたといわれる．磁石は羅針盤として利用されて大航海時代を支えたというように，その有用性は誰もが認めるものであったかもしれないが，現在のような形の現象の理解が得られたのは 18 世紀後半であった．いうまでもなく，現在では，私たちの生活は電気・磁気の恩恵なくしては一日も成り立たないくらい，この現象は生活の中に入り込んできている．この章では，電荷の間にはたらく力に対するクーロンの法則から始めて，電場（電界）・磁場（磁界）の概念を説明する．さらに，電流と直流回路，電流のつくる磁場，磁場の変化による電流の発生（電磁誘導）について説明する．

> **2 章で学ぶ概念・キーワード**
> - 電荷，帯電
> - クーロンの法則，真空誘電率
> - 電場，電気力線，電位，導体，絶縁体，電束密度，コンデンサー，電気容量，静電エネルギー
> - 電流，電気抵抗，オームの法則，ジュール熱，電力
> - 磁荷，真空透磁率，磁場，磁束密度，ビオ・サバールの法則，ローレンツ力
> - 電磁誘導，レンツの法則，インダクタンス，交流

2.1 静電気

　電気，磁気にかかわる現象は古代ギリシャの時代から知られていた．このことにはじめて言及したのは紀元前6世紀頃のイオニア人，タレスであったといわれている．装身具に使われた琥珀（コハク）のよごれを落とそうと布で拭くと，かえって埃や羽毛が付くといった現象から，琥珀にはものを引きつける力があると考え，これを「霊魂」のしわざと考えたらしい．また天然の磁鉄鉱（その産地の名前から「マグネシアの石」と呼ばれた）が鉄を引きつけることも，この時代にすでに知られており，琥珀と磁石がほかのものを引きつける現象は同じ起源のものと考えられた．ギリシャ語の琥珀（$\eta\lambda\epsilon\kappa\tau\rho o\nu$）が英語の電気を表す electricity の語源となったといわれている．

　電気，磁気の現象が永い歴史の中でどのように受け入れられていったかはさておき，現在では，物質は多数の原子からできており，原子は原子核と電子からなり，原子核は陽子と中性子から成り立っていることがわかっている．陽子と電子は絶対値が等しく符号の異る電荷をもち，中性子は電荷をもたない．ここで**電荷**とは，電気的な力の原因となる量である．原子は元素の種類によって決まった数の陽子をもち，通常は陽子と同数個の電子をもつので，全体として電気的に中性になっている．電荷の正負は粒子間にはたらく力を特徴づける．同じ符号の電荷をもつ粒子の間には斥力がはたらき，反対符号の電荷をもつ粒子の間には引力がはたらく．正の電荷をもった原子核と負の電荷をもった電子の間にはたらく引力が，これらを結び付ける原因となっている[1]．陽子や電子1個がもつ電荷を $\pm e$ と書いて，この e を**電気素量**または**素電荷**と呼ぶ．e の値は電荷の単位 [C]（**クーロン**と読む）を用いて，

$$e = 1.602 \times 10^{-19} \quad [C] \tag{2.1}$$

と与えられる．

　陽子と中性子を結び付ける強い力（核力：脚注1）参照）のために，原子核が陽子や中性子を離したり，あるいは余分に取り込んだりすることは，容易には起こらない．ところが，原子はなにがしかの原因で電子を離したり，取り込

---

[1] 複数の陽子をもった原子核では，陽子同士の間で電気的な斥力がはたらくことになるが，陽子や中性子の間にはこれよりも強い引力（核力）がはたらいて，陽子と中性子を結び付けている．

2.1 静電気

表 2.1 帯電列：正負いずれの電荷を帯びやすいかという傾向を表す．例えば，絹布でガラス棒をこすると，ガラス棒は正に帯電し，絹布は負に帯電する．ところが，絹布でエボナイト棒をこすると，エボナイト棒が負に帯電し，絹布は正に帯電する．

物質	傾向
ガラス	正の電荷を帯びやすい
ナイロン	
羊毛	∨
絹	
綿	
エボナイト（硬質ゴム）	∨
ポリエチレン	
ポリ塩化ビニル	負の電荷を帯びやすい

んだりすることが可能である．その結果，原子や原子の集合体が正または負の電荷をもつことを，**帯電**と呼び，帯電した原子を**イオン**という．琥珀を布でこすると，摩擦により電子が布から琥珀に移り，琥珀が負に帯電する．このような摩擦により生ずる電気を**摩擦電気**と呼ぶ．ここで注目したい点は，帯電は電子の移動が起こったのであって，電子がなんらかの原因で生成されたり消滅したりするのではないという点である．私たちが日常目にする電気的な現象では，電子のような電荷をもった粒子（荷電粒子）が生成したり，消滅したりすることはないと考えてよい．このことを**電荷保存の法則**という．

金属のように電気をよく通す物質の中には，自由に動きまわることのできる電子（**自由電子**）が存在すると考えられる．このような物質を**導体**と呼ぶ．正に帯電した物体を導体に近づけると，導体内の電子は帯電体の電荷に引きつけられて，導体の端に移動し，帯電体から遠い導体表面には電子が不足した分だけ正の電荷が現れることになる（図 2.1）．

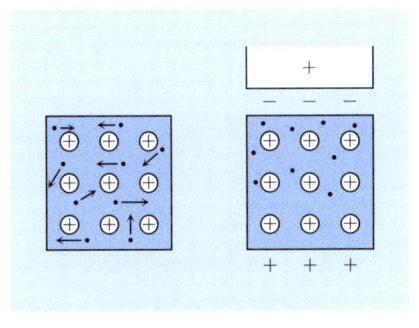

図 2.1 静電誘導

負に帯電した物体を導体に近づけた場合は，逆に電子が斥けられて帯電体から遠い導体の端に移動し，帯電体に近い導体表面に正の電荷が現れる．このような現象を**静電誘導**と呼ぶ．

一方，ガラスのように電気を通しにくい物質では，電子は原子核に捕まって自由に動きまわることができない．このような物質を**絶縁体**（または**不導体**）と呼ぶ．帯電した物体を絶縁体に近づけると，絶縁体の中では原子ごとに，帯電体に近い側には帯電体と電荷とは異種の電荷が，遠い側に同種の電荷が現れる（図 2.2）．このような現象

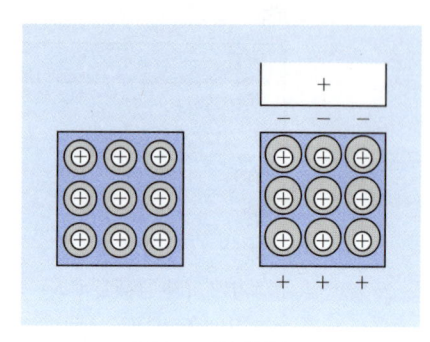

図 2.2 誘電分極

を**誘電分極**（または**分極**）と呼ぶ．このため絶縁体を**誘電体**と呼ぶこともある．誘電分極は原子内での電荷分布のずれにより生じている．

静電誘導の場合でも，誘電分極の場合でも，物体に帯電体を近づけると，物体の帯電体に近い表面には帯電体の電荷と異種の電荷が現れる．その結果，物体と帯電体の間には引力がはたらくことになる．布でこすった琥珀に埃や羽毛が引きつけられたのは，このためである．

2.1.1 クーロンの法則

電荷の間にはたらく電気的な力を**静電気力**と呼ぶ．18世紀のフランスの物理学者クーロンは精密な測定により，2つの小さな帯電体の間にはたらく静電気力は，帯電体の電荷 q, q' の積に比例し，帯電体間の距離 r の2乗に反比例することを示した．すなわち

$$F = k\frac{qq'}{r^2} \tag{2.2}$$

が成り立つ．これを**クーロンの法則**という．また静電気力を**クーロン力**と呼ぶこともある．ここで比例定数 k を

$$k = \frac{1}{4\pi\epsilon_0}$$

と書いて，ϵ_0 を**真空誘電率**と呼ぶ．真空誘電率の値は，電荷の単位を [C]，静

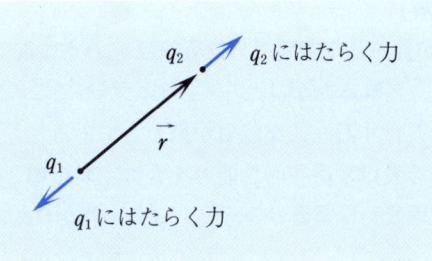

図 2.3 2つの電荷の間にはたらくクーロン力 ($q_1 q_2 > 0$ の場合)

電気力の単位を [N], 距離の単位を [m] として,
$$\epsilon_0 = 8.854 \times 10^{-12} \quad [\text{C}^2/\text{N}\cdot\text{m}^2] \tag{2.3}$$
となる.

　物体にはたらく力は大きさと向きをもったベクトル量なので, このことをはっきり表すことにする. 帯電体の大きさは無視できるものとして, 大きさをもたない点状の電荷 (**点電荷**) を考える. 点電荷 q_1 から点電荷 q_2 に向かうベクトルを $\vec{r}$ とすると (図 2.3), $\vec{r}/|\vec{r}|$ は q_1 から q_2 に向かう長さ 1 で方向だけを表すベクトルである. したがって, 点電荷 q_2 にはたらく静電気力は

$$\vec{F} = \frac{1}{4\pi\epsilon_0} \frac{q_1 q_2}{r^2} \frac{\vec{r}}{|\vec{r}|} \tag{2.4}$$

と与えられる. 2つの電荷が同種の場合 ($q_1 q_2 > 0$) は, 電荷 q_2 にはたらく力は点電荷 q_1 から点電荷 q_2 に向かうベクトルの方向を向く, すなわち斥力を与えることに注意しよう.

例題 2.1

10^{-10}[m] だけ隔てて置かれた陽子と電子の間にはたらくクーロン力と万有引力 (重力) の大きさを見積もってみよ.

【解答】 電子と陽子の質量はそれぞれ,
$$m_e = 9.109 \times 10^{-31} \quad [\text{kg}], \quad m_p = 1.673 \times 10^{-27} \quad [\text{kg}]$$
である. 電子・陽子のもつ電荷の大きさは式 (2.1) に与えられている. これらの値を使って, クーロン力は 2.3×10^{-8} [N], 万有引力は 1.0×10^{-47} [N] と見積もられる. ∎

2.1.2 電場 (電界)

原点に電荷 q_1 が置かれた空間で，位置座標 $\vec{r}$ の点に電荷 q_2 を置くと，これには式 (2.4) で与えられる力がはたらく．したがってこの空間には，そこに置かれた電荷に力を及ぼす潜在的な能力が備わっていると見ることができる．このように物体に力を及ぼす潜在的な能力をもつ空間を**場**と呼ぶ．電荷に静電気力を及ぼす場を**電場**または**電界**という[2]．点 $\vec{r}$ に置かれた電荷 q' にはたらく力 $\vec{F}(\vec{r})$ を

$$\vec{F}(\vec{r}) = q'\vec{E}(\vec{r})$$

と書いて，$\vec{E}(\vec{r})$ を電場ベクトルと呼ぶ．原点に置かれた電荷 q が位置ベクトル $\vec{r}$ の点につくる電場は，次のように書くことができる．

$$\vec{E}(\vec{r}) = \frac{1}{4\pi\epsilon_0}\frac{q}{|\vec{r}|^2}\frac{\vec{r}}{|\vec{r}|} \tag{2.5}$$

いくつかの点電荷が置かれた空間では，電場ベクトルはそれぞれの点電荷のつくる電場ベクトルの重ね合わせで与えられる．したがって，点 $\vec{r}_i$ に電荷 q_i があるとき $(i=1,2,\cdots,N)$，点 $\vec{r}$ の電場（ベクトル）は次式のようになる．

$$\vec{E}(\vec{r}) = \frac{1}{4\pi\epsilon_0}\sum_{i=1}^{N}\frac{q_i}{|\vec{r}-\vec{r}_i|^2}\frac{\vec{r}-\vec{r}_i}{|\vec{r}-\vec{r}_i|}$$

電場の中に置かれた正電荷を，電場から受ける力の方向に少しずつ移動させていくと，1本の線が描かれる（図 2.4）．この線に正電荷にはたらく力の向きの矢印を付けたものを**電気力線**という．電気力線は

電気力線の性質
(1) 正電荷から出て，負電荷に入る．
(2) 枝分かれしないし，交叉もしない．
(3) 接線の方向が，その点での電場の方向を表す．

---

[2] 「電場」，「電界」という用語の違いはあまり根拠がない．いずれにしても「electric field」の訳語である．伝統的に理学では「電場」，工学では「電界」が用いられることが多い．本書では，「場」という用語が単独で用いられたときに表す概念に「界」という用語を当てることはないこと，中国語では「電場」という言葉が使われることなどの理由で，「電場」という用語を用いることにする．

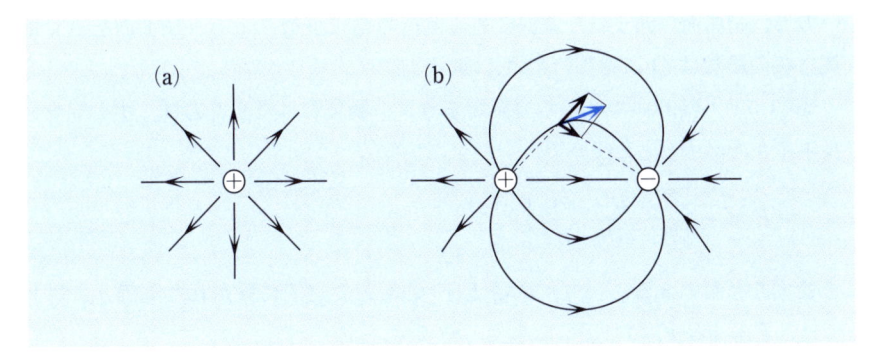

図 2.4 (a) 点電荷の回りの電気力線．(b) 正負の点電荷対のつくる電気力線．接線の方向が電場の方向を表す．

という性質をもつ．

ところで 1 本の電気力線は，電荷にはたらく力の方向を示すだけで，その大きさについてはなにも情報を与えてくれない．例えば 1 本の電気力線をたどっていったときに，ある場所では電場が強く，ある場所では電場が弱いということがある．そこで電気力線は無数に描くことができることを利用して，電気力線の密度が電場の強さを表すように，電気力線を描くことにする．原点に置かれた点電荷 Q がつくる電場の大きさは，半径 r の球面上では一定で，

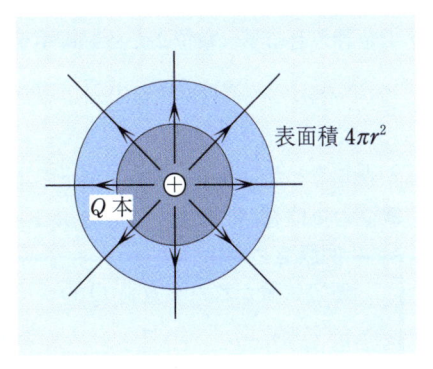

図 2.5 点電荷から出た Q 本の電気力線が，半径 r の球面（面積 $4\pi r^2$）上に一様に分布すると考えると，電気力線の密度は電場の大きさに比例する．

$$E = \frac{1}{4\pi\epsilon_0}\frac{Q}{r^2} = \frac{1}{\epsilon_0} \times \frac{Q}{4\pi r^2} \tag{2.6}$$

と与えられる（図 2.5）．したがって，大きさ Q の点電荷から Q 本の電気力線が出て，全表面積 $4\pi r^2$ の球面上に一様に分布すると考えて，半径 r の球面上の電場の大きさは電気力線の密度（$1\,[\mathrm{m}^2]$ 当たりの本数）に比例する（比例定数 $1/\epsilon_0$）と解釈することができる．また電気力線は途中で枝分れすることはな

いので，閉曲面で囲まれた領域にある電荷の総和が Q のとき，閉曲面を貫く電気力線の総数は Q に等しいといえる．

式 (1.59), (1.60) のところで見たように，物体にはたらく力は，ポテンシャルエネルギー $U(\vec{r})$ を使って，

$$\vec{F} = -\left[\frac{\partial U}{\partial x}, \frac{\partial U}{\partial y}, \frac{\partial U}{\partial z}\right]$$

と表すことができる．一方，電場 $\vec{E}(\vec{r})$ のもとで点 $\vec{r}$ に置かれた電荷 q に対しては，$\vec{F} = q\vec{E}(\vec{r})$ の力がはたらく．そこで，

$$V(\vec{r}) = \frac{U(\vec{r})}{q}$$

で定義される量（**電位**または**静電ポテンシャル**という）を使えば，電場 $\vec{E}(\vec{r})$ は

$$\vec{E} = -\left[\frac{\partial V}{\partial x}, \frac{\partial V}{\partial y}, \frac{\partial V}{\partial z}\right] \tag{2.7}$$

と表すことができる．エネルギーの単位を [J]，電荷の単位を [C] としたときの，電位の単位を [V] と書いて，**ボルト**と読む．

例題 2.2

原点に置かれた点電荷 Q のつくる電位，および一様な電場 E の場合の電位を求めよ．

【解答】 原点に置かれた点電荷 Q が原点から距離 r の点につくる電位は，

$$V = \frac{1}{4\pi\epsilon_0}\frac{Q}{r}$$

と与えられる．また一様な電場 E の場合は，電場の方向を x 軸の正の方向にとれば，x 軸方向の座標 x の点での電位は

$$V = -Ex$$

と与えられる（式(2.7) に代入して，正しい電場が得られることを確かめよ）．∎

電位が一定の曲面は**等電位面**と呼ばれる．等電位面は，電位を標高と考えたときの等高線に相当し，また電場は電位の勾配（の符号をつけかえたもの）に相当するので，電場ベクトル（電気力線）は等電位面に垂直である（図 2.6）．

電場 $\vec{E}$ のもとでは，電荷 q に $q\vec{E}$ の静電気力がはたらく．これとつり合う外

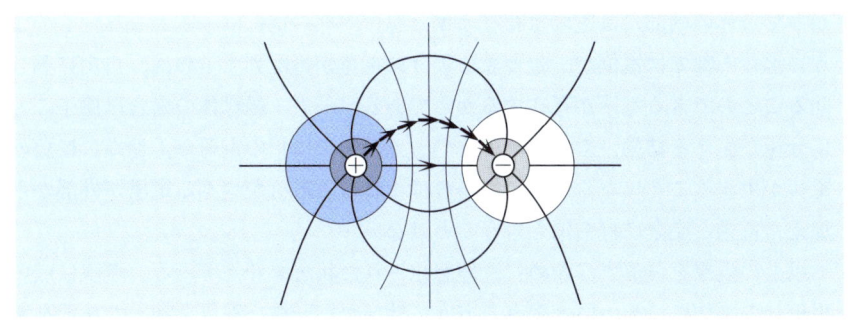

図 2.6 電気力線と等電位面

力を加えて，電荷をゆっくりと運んだときに，外力がする仕事を考える．電荷 q を運ぶ経路に沿った方向の電場の成分 $E_{//}(x)$ は，電位 $V(\vec{r})$ を使って，

$$E_{//} = -\frac{\partial V}{\partial x}$$

と与えられる．ここで x は電荷を運ぶ経路に沿った座標である．静電気力とつり合う外力は，この電場の符号を変えたものに電荷 q をかけたものであるので，位置座標 $\vec{r}_1$ の点（経路に沿った座標は x_1）から，$\vec{r}_2(x_2)$ の点まで，電荷を運ぶときに外力がする仕事は

$$W = -qE_{//}(x_1)dx - qE_{//}(x_1+dx)dx - \cdots - qE_{//}(x_2-dx)dx$$

となる．dx を十分に小さくとれば，仕事は，

$$W = q\int_{x_1}^{x_2}\frac{\partial V}{\partial x}dx = q[V(\vec{r}_2) - V(\vec{r}_1)]$$

と計算される．また静電気力が電荷 q を点 1 から点 2 まで運んだとすると，電場がした仕事は $-W$ であるといえる．$|V(\vec{r}_1) - V(\vec{r}_2)|$ を 2 点間の**電位差**または**電圧**という．電池は陽極と陰極の間に電位差をつくりだす道具である．

2.1.3 電場の中に置かれた導体・絶縁体

電場の中に置かれた導体の内部では，負の電荷をもった電子が電場と反対方向の力を受けて導体内部を自由に移動する．その結果，導体の片側には電子が，他端は電子が少なくなった分だけの正の電荷が生じて（静電誘導），これらの電荷がつくる電場が外部から加えた電場と完全に打ち消し合うことになる．した

がって導体の内部には電場は存在せず，導体内部の電位は一定となる．このように導体内部では電位が一定となるように電荷が再配列するのは，自由に動き回ることのできる電子が存在するからである．一方，絶縁体の場合は原子ごとに分極が生ずる結果，やはり絶縁体の一方の端には正の電荷が，他端には負の電荷が生ずることになるが，この場合はこれらの電荷がつくる電場が外部から加えた電場と完全に打ち消し合うことはない．

　以上の現象を理解するために，理想化された状況を考えてみる．無限に広い平板状の物体に，その面と垂直な方向に外部から一様な電場を加えた状況を考える（図 2.7）．導体の場合は静電誘導により，絶縁体の場合は誘電分極により，平板の両面に符号の異る電荷が一様に分布する．一方の面には正の電荷が一様に分布するが，この電荷がつくる電場は面に垂直で，面から遠ざかる方向を向く．他方の面には密度は同じ負の電荷が分布しており，この電荷のつくる電場は面に垂直で面に近づく方向を向く．この2つの電場を重ね合わせれば，2つの面の間ではそれぞれがつくる電場の向きが同じなので強め合い，それ以外の領域では互いに打ち消し合って0になる（図2.7(b)）．これにさらに外から加えられた電場を重ね合わせると，導体の場合は静電誘導により生じた電荷のつくる面間の電場が，外部から加えられた電場と完全に打ち消しあって，導体内部（面間）の電場が0になる．したがって導体内部では電場が0，導体外部では外部から加えた電場そのものの値が実現することになる．一方，絶縁体の場合は，2つの面間で誘電分極によりつくられた電場が外部電場と完全に打ち消し合うことはない．その結果，面間（誘電体内）の電場は外部の電場 E に比べて，弱められることになる．このときの誘電体内の電場を $\frac{\epsilon_0}{\epsilon}E$ と置いて，ϵ をその絶縁体の**誘電率**，真空誘電率との比 ϵ/ϵ_0 を**比誘電率**と呼ぶ．誘電体内部で電場は弱められているので，比誘電率は1よりも大きい．

　内部に空洞がある導体を電場の中に置いたとき，静電誘導により導体の外側の表面には電荷が現れる．ところが，空洞の中にほかの電荷がなければ，導体の内側の壁には電荷は現れず，空洞内の電位は導体の電位と同じ一定の値に保たれる．したがって，外部の電場はその空洞内部に浸入することができず，空洞部分では外部の電場の影響を受けない（図2.8）．このことを利用して，導体で囲むことによって外部の電場を遮断することを**静電遮蔽**と呼ぶ．また地球は大きな導体と考えることができる．したがって地球全体は等電位であり，その

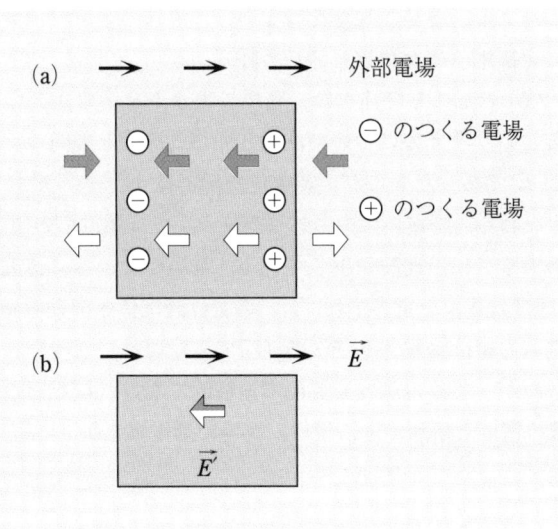

図 2.7 物質と外部との界面につくられた正負の電荷がつくる電場の様子（a）とそれらの重ね合わせ（b）．

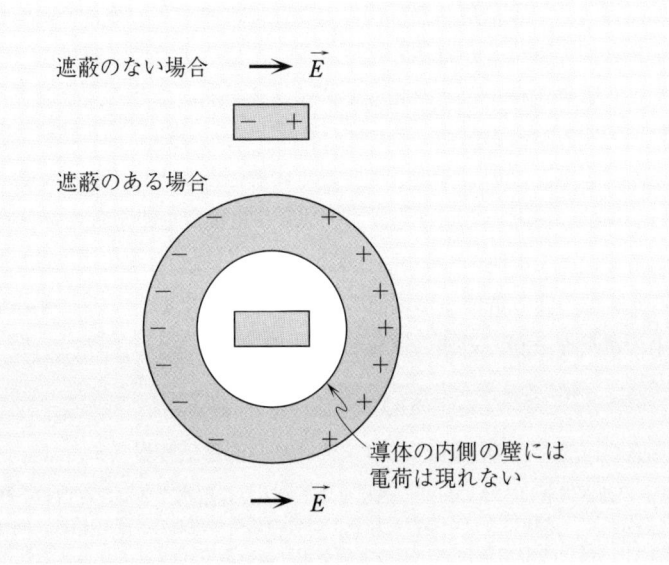

図 2.8 静電遮蔽：中空の導体の内側の壁には電荷は現れず，中空内部の電位を一定に保たれる．

電位を 0 V と考える．導体と地球をつないで，導体の電位を地球の電位と等しくすることを**接地**（または**アース**）と呼ぶ．

最後に式 (2.6) のところで述べた，電場の大きさをその点での電気力線の密度に比例するという考え方について注意しておこう．上の例で，空気中では電場の大きさが E であったものが，誘電体内部では $E' = \frac{\epsilon_0}{\epsilon} E$ になっていることを見た．すなわち，誘電体の中と外（空気中）では誘電率の値が異るために，界面で電場の大きさに不連続が生じている．電場の大きさに誘電率をかけた量（**電束密度**と呼ばれる）を定義すれば，この量は誘電体と空気の界面で連続的に変化する．電気力線は誘電体と空気の界面で，途切れたり枝分れしたりすることはなく，したがってその密度も界面で連続的でなければならない．したがって，電気力線の密度と解釈できる量は，電場に誘電率をかけた電束密度である．

2.1.4 コンデンサー

面積の等しい 2 枚の金属板を互いに平行に置いて，それぞれの金属板と電池をスイッチを介して図 2.9 のようにつなぐ．スイッチを閉じるとそれぞれの金属板に大きさが等しく符号が異る電荷が現れる[3]．このとき 2 つの金属板の間の電位差は，金属板に現れた電荷の大きさに比例する．そして金属板上の電荷は，金属板間の電位差が電池の電圧と等しくなるまで増え続ける．こうして金属板上に正負の電荷を蓄えた状態でスイッチを開いたとき，金属板上の電荷は互いに引力を及ぼしあっているので，動くことはない．したがって電荷を蓄えることができる．このようにして，近くに置いた導体に正負の電荷を蓄える装置を**コンデンサー**という．またコンデンサーに電荷を蓄えることを**充電**という．

コンデンサーを電池をつなぎ，十分に時間が経ったときには，コンデンサーの 2 つの金属板の間の電位差は電池の電圧と等しくなる．このときの金属板（極板）上の電荷を $\pm Q$，電池の電圧を V と書くと，

$$Q = CV \tag{2.8}$$

が成り立つ．この比例定数 C をコンデンサーの**電気容量**（または**容量**）という．

---

[3] 電子の動きに着目すると，この過程を以下のように解釈できる．電池の陰極から電子が供給されて，陰極につながった金属板上に負の電荷が現れる．その結果，向かい合った金属板上には，静電誘導により正の電荷が現れる．静電誘導により導体の他端に生ずるはずの負の電荷は，電池が供給した電子の過不足を補う．したがって，電池は陽極側から陰極側へ電子を汲み上げるポンプのはたらきをするといってもよい．

2.1 静電気

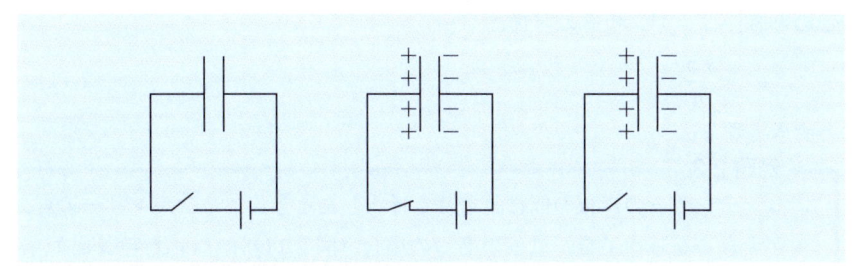

図 2.9 平行金属板を用いたコンデンサー

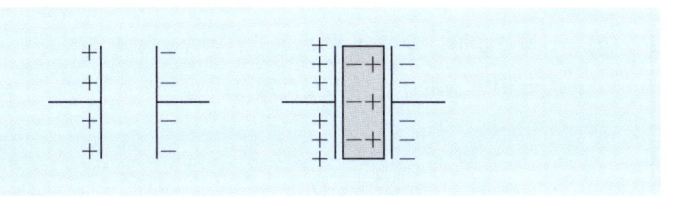

図 2.10 コンデンサーの極板の間に誘電体を挿入する

1 [V] の電圧で 1 [C] の電気を蓄えることのできるコンデンサーの容量を 1 [F]（ファラドと読む）と定義する．通常，電子回路などに用いられるコンデンサーの容量はもっと小さいので，

$$1\ \mu\text{F} = 10^{-6}\ \text{F}, \quad 1\ \text{pF} = 10^{-12}\ \text{F}$$

の単位（それぞれ，マイクロファラド，ピコファラドと読む）が用いられる．

コンデンサーの極板の面積を S，極板間の間隔を d とする．コンデンサーに $\pm Q$ の電荷が蓄えられたとき．この電荷が極板上に一様に分布すれば，極板間で電場は一様で，極板に垂直である．式 (2.6) のところの考えに従って，電気力線の密度から電場の大きさを計算すれば，極板間の電場は

$$E = \frac{Q}{\epsilon_0 S} \tag{2.9}$$

と与えられる．一方，極板間の電位差を V とすれば，$V = Ed$ が成り立つので，これらの関係を式 (2.8) に代入して

$$C = \frac{\epsilon_0 S}{d} \tag{2.10}$$

の関係が得られる．極板間に誘電率 ϵ の誘電体を挿入したときには，誘電分極のために誘電体内部の電場は，式 (2.9) に比べて，ϵ_0/ϵ 倍に弱められる（図 2.10）．

このとき，コンデンサーの容量は

$$C = \frac{\epsilon S}{d} \tag{2.11}$$

と大きくなる．

例題 2.3

コンデンサーの極板の間に誘電体を挿入したときに，コンデンサーの容量が大きくなる様子を，以下の2つの場合（図2.11）について考察せよ．

(1) コンデンサーを電圧 V の電池につないだ状態で，誘電体を挿入した場合．

(2) コンデンサーを電圧 V の電池につないで充電したあとに，回路を開いた状態で誘電体を挿入した場合．

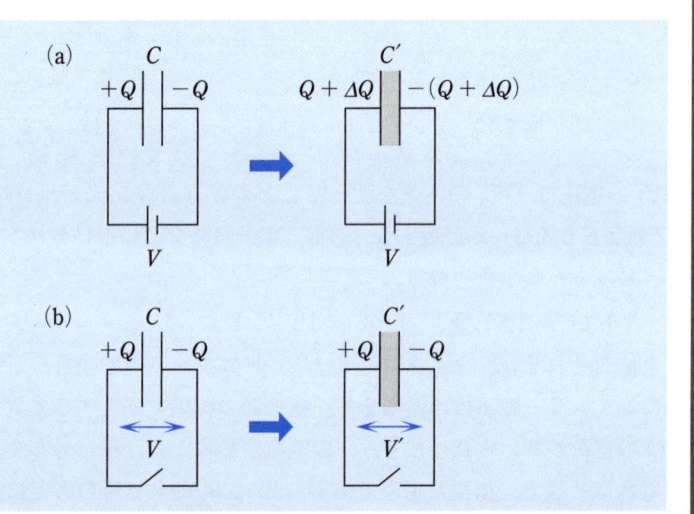

図 2.11 (a) コンデンサーを電圧 V の電池につないだ状態で，誘電体を挿入した場合，(b) コンデンサーを電圧 V の電池につないで充電したあとに，回路を開いた状態で誘電体を挿入した場合．

【解答】 いずれの場合も挿入した誘電体表面には，コンデンサーの極板上の電荷と反対符号の電荷が誘電分極により生ずる．誘電体を挿入しない場合のコンデンサーの容量を C，誘電体を挿入した場合の容量を C' と書くことにする．(1) の場合は，極板間の電位差が電池の電圧の値 V に保たれるので，誘電分極により極板間の電場が弱められるのを補って，余分な電荷が極板上に蓄えら

れる.この余分な電荷 ΔQ は,
$$Q + \Delta Q = CV + \Delta Q = C'V$$
を満たし,これが誘電分極で現れた分極電荷の大きさに等しい.
(2) の場合は,回路が開いているので電荷が移動することはなく,極板上の電荷の大きさは変らない.誘電分極のために極板間の電場が弱められるので,極板間の電位差 V' は
$$V' = Q/C' < Q/C = V$$
と減少する. ∎

容量が C_1, C_2 の 2 つのコンデンサーをつないで,それらを合わせて 1 つのコンデンサーと見なしたとき,その見かけの容量をコンデンサーの合成容量という.2 つのコンデンサーのつなぎ方には図 2.12 に示すように 2 通りの方法がある.(a) のつなぎ方を**直列**,(b) のつなぎ方を**並列**と呼ぶ.

直列の場合は,電池の陽極・陰極に導線でつながれていない極板 $1'$ と 2 の上の電荷の総和は 0 でなければならない.これは 2 つのコンデンサーを電池につないで充電する際に,回路のこの部分では電荷の移動が起こるだけで,よそから電荷が供給されるわけではないからである.この結果,2 つのコンデンサーに蓄えられる電荷はいずれも,$\pm Q$ となる.このとき,2 つのコンデンサーの極板間の電位差はそれぞれ $V_1 = Q/C_1$, $V_2 = Q/C_2$ となり,この和が電池の電圧に等しい.したがって
$$V = V_1 + V_2 = \left(\frac{1}{C_1} + \frac{1}{C_2}\right) Q$$

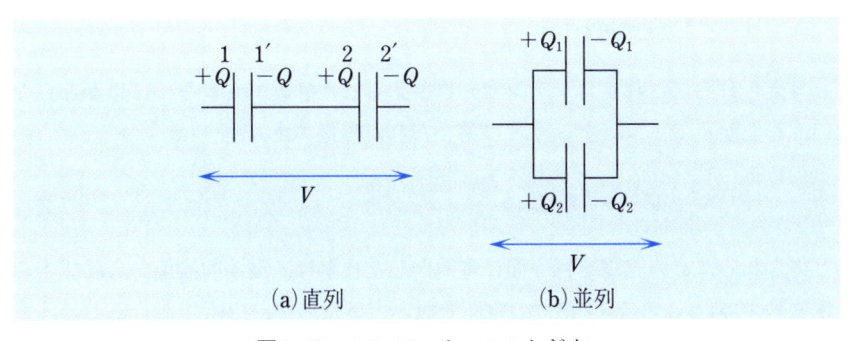

図 2.12 コンデンサーのつなぎ方

より，直列につながれた 2 つのコンデンサーは

$$\frac{1}{C} = \frac{1}{C_1} + \frac{1}{C_2} \tag{2.12}$$

で与えられる容量 C のコンデンサーと同じ働きをする．

並列の場合は，2 つのコンデンサーにかかる電圧はいずれも電池の電圧 V であるので，それぞれ $Q_1 = C_1 V$, $Q_2 = C_2 V$ の電荷が蓄えられる．2 つのコンデンサーを合わせれば，V の電圧で

$$Q = Q_1 + Q_2 = (C_1 + C_2)V$$

の充電ができたことになる．したがって並列につながれた 2 つのコンデンサーは

$$C = C_1 + C_2 \tag{2.13}$$

の合成容量をもったコンデンサーと同じ働きをする．

充電されたコンデンサーには電気的なエネルギーが蓄えられている．これを**静電エネルギー**という．容量 C のコンデンサーに $\pm q$ の電荷が蓄えられているとき，極板間の電位差 $v(q)$ は q/C で与えられる．この状態からさらに充電された電荷を Δq だけ増やすには，負側の極板から Δq だけ電荷をとりだして，$v(q)$ だけ電位の高いところに運ばなければならない（図 2.13）．このために外から加える仕事は $v(q)\Delta q$ となる．コンデンサーが充電されていない状態から始めて，$Q = CV$ の電荷が蓄えられるまでになされる仕事の総和は

$$W = v(0)\Delta q + v(\Delta q)\Delta q + \cdots + v(Q - \Delta q)\Delta q$$

となり，Δq を十分に小さくとれば，この総和は定積分の形で

$$W = \int_0^Q v(q)dq = \frac{1}{C}\int_0^Q q \; dq$$

と与えられる．これがコンデンサーに蓄えられた静電エネルギーにほかならない．したがって，コンデンサーに蓄えられた静電エネルギーは

$$W = \frac{1}{2}CV^2 = \frac{1}{2}QV = \frac{Q^2}{2C} \tag{2.14}$$

と得られる．この充電を行う間に電池がした仕事は，電池の陰極から陽極への電位差 V のところを Q だけの電荷を汲み上げたので，QV であることに注意しよう．コンデンサーには電池のした仕事の半分だけのエネルギーしか蓄えら

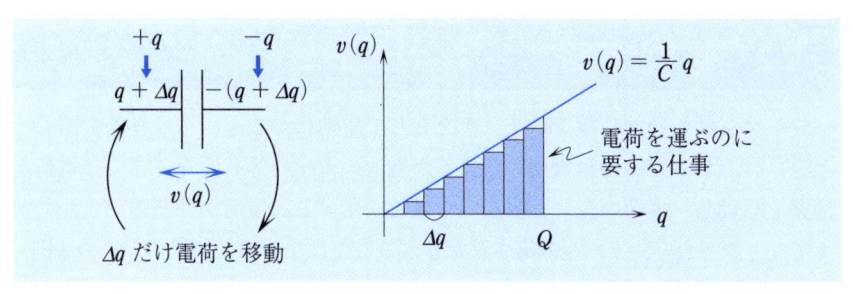

図 2.13 コンデンサー電荷を充電するのに要する仕事

れていない．この差は後で見るように[4]，回路にある小さな抵抗でエネルギーが消費されたためである．

例題 2.4

静電エネルギーの式 (2.14) より，コンデンサーの極板の間には，$1\,[\mathrm{m}^3]$ 当たり $\frac{1}{2}\epsilon_0 E^2$ のエネルギーが蓄えられていることを示せ．

【解答】 静電エネルギーの式 (2.14) にコンデンサーの容量の式 (2.10) を代入すると，

$$W = \frac{1}{2}\frac{\epsilon_0 S}{d}V^2 = \frac{1}{2}\epsilon_0 \left(\frac{V}{d}\right)^2 Sd$$

が得られる．ここで V/d は極板間の電場の大きさ E である．また Sd は電場が存在する極板間の空間の体積である．したがってコンデンサーの極板間には，$1\,[\mathrm{m}^3]$ 当たり

$$U = \frac{1}{2}\epsilon_0 E^2 \tag{2.15}$$

の電気的エネルギーが蓄えられている． ■

---
[4] 例題 2.5 を参照．

2.2 電流と回路

コンデンサーの両極板をスイッチを介して電池につなぎ，スイッチを閉じたとき，コンデンサーの極板間の電位差が電池の電圧に等しくなるまで，電荷が回路を移動し，電荷の流れ，すなわち**電流**が生ずる．電荷が回路のどこかで消えてなくなったり，また生み出されたりすることはないので（電荷保存の法則），電荷の流れは導線のどの部分で測っても同じはずである．そこで電流の大きさを「導線の任意の断面を1秒間に通過する電荷の総量」と定義する．1秒間に1 [C] の電荷が通過するような電荷の流れを，1 [A]（アンペアと読む）の電流という．電流の向きは正の電荷が流れる方向にとる．したがって，電池の陽極から陰極に向かって電流が流れることになる．実際の電流の担い手となる電荷を**担体**または**キャリアー**と呼ぶ．金属のように担体が負の電荷をもった電子である場合，電流の向きと担体が移動する方向は反対である．

コンデンサーに電荷が蓄えられたり，またコンデンサーから電荷が失われたりする過程で，時刻 t から短い時間 Δt の間にコンデンサーに蓄えられた電荷が ΔQ だけ変化するとすると，この間に回路に流れた電流は

$$I = \frac{\Delta Q}{\Delta t} = \frac{Q(t+\Delta t) - Q(t)}{\Delta t}$$

と与えられる（図 2.14）．ここで $Q(t)$ は，時刻 t にコンデンサーに蓄えられている電荷である．時間の間隔 Δt を十分に小さくとれば，

$$I = \frac{dQ}{dt}$$

と表すことができて，回路に流れる電流とコンデンサーに蓄えられた電荷は微

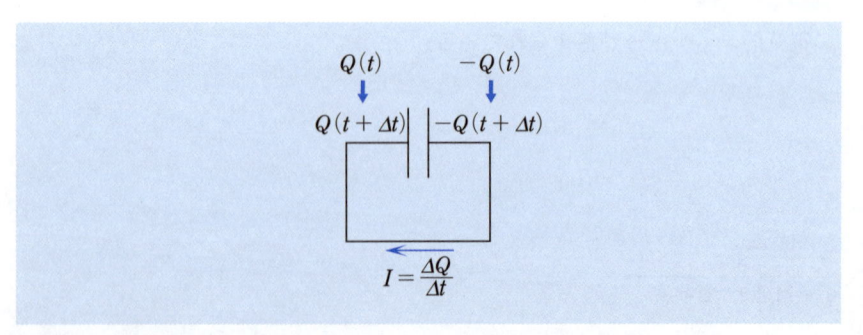

図 2.14 コンデンサーに蓄えられた電荷の変化分としての電流

分・積分で関係付けられる．

2.2.1 オームの法則

導線を流れる電流の大きさは，導線の両端の電位差に比例する．これを

$$I = \frac{V}{R} \tag{2.16}$$

と書いて，**オームの法則**という．比例定数 R は導線の材質や形状によって異り，**電気抵抗**（または抵抗）と呼ばれる．1 [V] の電位差（電圧）のところに 1 [A] の電流が流れるときの電気抵抗を 1 [Ω]（**オーム**と読む）と定義する．またオームの法則 (2.16) を

$$V = IR$$

と書換えて，電流 I が抵抗 R を流れるとき，その抵抗の前後で V だけ電圧が下がると解釈する．これを**電圧降下**と呼ぶ．

管の中を流れる水は，管が細いほど，また細くなった部分が長いほど流れにくい．電荷の流れを水の流れに例えれば，同様のことが期待される．すなわち電気抵抗の大きさは，導線の長さ l に比例し，断面積 S に反比例する．そこで

$$R = \rho \frac{l}{S} \tag{2.17}$$

と書いて，ρ をその導線をつくる物質の**抵抗率**と呼ぶ．抵抗率は導線をつくっている物質の種類によって異るとともに，温度にも依存して変化する．いくつかの物質の抵抗率の値を表 2.2 に示す．

オームの法則を簡単な力学モデルから導いてみよう．電場の方向を x 軸の正

表 2.2 代表的な物質の電気抵抗率

物質	抵抗率 [Ω·m]	備考
銅	0.3×10^{-8}	$T = 90$ [K]
	1.7×10^{-8}	$T = 293$ [K]
	2.3×10^{-8}	$T = 373$ [K]
ニクロム	1.1×10^{-6}	$T = 273$ [K]
けい素（Si）	4×10^{3}	$T = 273$ [K]

注）[K]（ケルビン）は T [K] $= t$ [°C] $+ 273.15$ で定義される絶対温度の単位．

の方向にとり，この方向の電子の運動方程式を立ててみる．ただし，電子には電場による静電気力に加えて，1.5.5 で考察した速度に比例した抵抗がはたらくものとする．電場を E，電子の電荷を $-e$，質量を m とすると，運動方程式は

$$m\frac{dv}{dt} = -eE - \frac{m}{\tau}v$$

と与えられる．1.5.5 で見たように，電子の速度は，十分に時間が経てば終端速度

$$\bar{v} = \frac{-eE\tau}{m} \quad [\text{m/s}]$$

に近づいていく．多数の電子が平均として速度 $\bar{v}$ で運動していると考えると，1秒間に導線の断面を通過する電子の総数に，電子1個がもつ電荷 $-e$ をかけたものが電流の大きさとなる．時刻 $t = 0$ から $1\,[\text{s}]$ の間に断面積 S の導線の中の適当な断面 A を通過する電子は，断面 A と $\bar{v}\,[\text{m/s}] \times 1\,[\text{s}]$ だけ手前にある断面 B にはさまれた領域にある電子であるので（図 2.15），この領域の体積 $\bar{v}S$ に電子密度 n をかけて，

$$N = n\bar{v}S = -\frac{ne\tau}{m}ES$$

個の電子が1秒間に導線の断面 A を通過する電子の総数である．これに電子のもつ電荷 $-e$ をかけて，電流 I の値を求めると，

$$I = \frac{ne^2\tau}{m}\frac{S}{l}V$$

を得る．ここで V は長さ l の導線の両端の電位差である．これより抵抗率 ρ が

$$\rho = \left(\frac{ne^2\tau}{m}\right)^{-1}$$

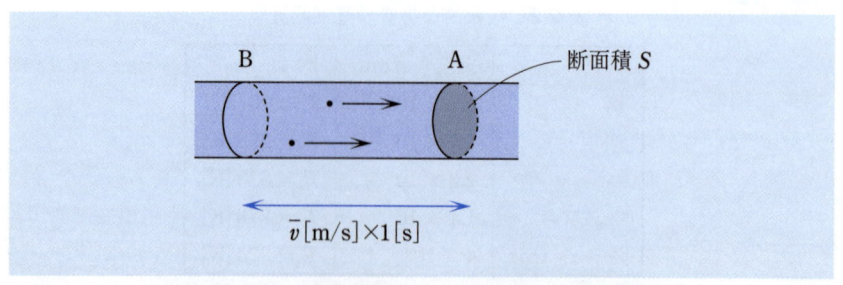

図 2.15 導線の断面積を1秒間に通過する電荷の量

と求められる．以上はかなり簡単化した議論ではあるが，電気抵抗が生まれるメカニズムを定性的に正しく示すものである．

2.2.2 電流のする仕事

電流 I が抵抗 R を流れているとき，抵抗の両端には $V = IR$ の電位差がある．短い時間 Δt の間に運ばれる電荷は $\Delta Q = I\Delta t$ で，これが電位差 V の間を運ばれるので，この間になされた仕事は

$$\Delta W = V\Delta Q = VI\Delta t$$

と与えられる．したがって電源から供給された電気エネルギーは，抵抗 R で1秒間に

$$P = \frac{\Delta W}{\Delta t} = VI = RI^2 = \frac{V^2}{R} \tag{2.18}$$

の割合で消費される．抵抗で消費された電気エネルギーは通常，熱に変わり，抵抗の温度が上昇する．この熱を**ジュール熱**と呼ぶ．このように抵抗で1秒間に変換される電気エネルギーの大きさ P を**電力**または消費電力といい，仕事率の単位 [W] で表す．

例題 2.5

容量 C のコンデンサーと抵抗値 R の抵抗を直列につないだ回路（図2.16）を考える．始めにコンデンサーは充電されていなかったもとのとして，時刻 $t = 0$ でスイッチを閉じて，コンデンサーが充電される過程で，回路が消費する電力を計算せよ．

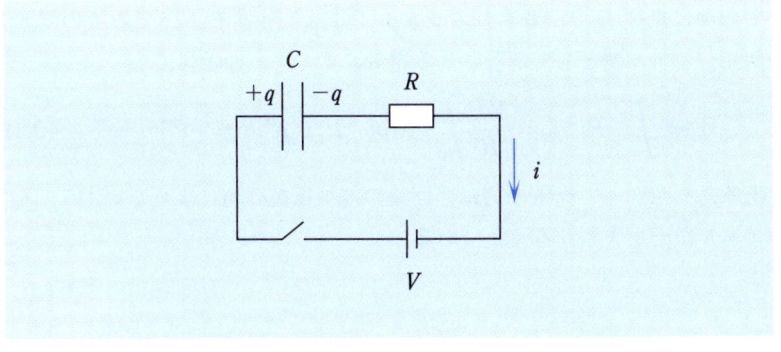

図 2.16 コンデンサーと抵抗からなる回路

【解答】 時刻 t には,コンデンサーには $q(t)$ の電荷が蓄えられており,また回路を流れる電流の大きさは $i(t)$ であったとすると,

$$i(t) = \frac{dq}{dt}$$

が成り立つ.コンデンサーの極板間の電位差 $q(t)/C$ と抵抗での電圧降下 iR の和が回路につながれた電池の電圧 V に等しいので,

$$V = \frac{1}{C}q + R\frac{dq}{dt}$$

を得る.これが,コンデンサーに蓄えられた電荷 q を時刻 t の関数と見たときに $q(t)$ が満たす微分方程式である.これを

$$\frac{dq}{dt} = -\frac{1}{CR}q + \frac{V}{R} = -\frac{1}{CR}(q - CV)$$

と書きなおせば,これは変数分離型の微分方程式(42 ページ)である.解は

$$\int \frac{dq}{q - CV} = -\int \frac{dt}{CR} + A$$

と与えられる.ここで A は適当な定数である.$t = 0$ で $q = 0$ と置いて,コンデンサーに蓄えられた電荷 q と回路を流れる電流 i の時間変化が

$$q(t) = CV\left[1 - \exp(-t/CR)\right], \quad i(t) = \frac{V}{R}\exp(-t/CR)$$

と求められる(図 2.17).回路のスイッチを閉じて十分に時間が経った後 $(t \to \infty)$ では,コンデンサーに $Q = CV$ の電荷が充電されることを示している.それまでの間に抵抗 R で消費されるジュール熱は 1 秒間で Ri^2 であるので,充電の間にジュール熱として消費される電気エネルギーの総和は

$$W = \int_0^\infty Ri^2 dt = \frac{V^2}{R}\int_0^\infty \exp(-2t/CR)dt = \frac{1}{2}CV^2 \qquad (2.19)$$

である.したがって充電の間に,回路の電気抵抗の値によらない $W = QV/2$ のエネルギーが失われることになる.　■

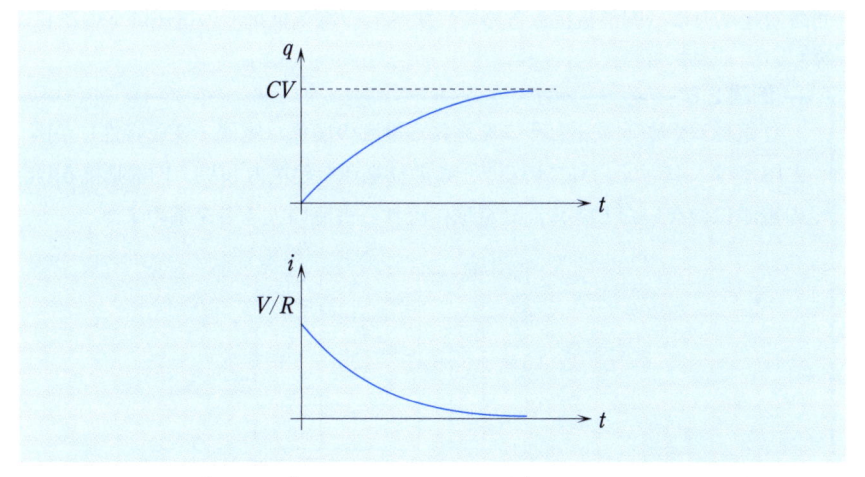

図 2.17 スイッチを閉じた後の，コンデンサーに蓄えられている電荷と回路を流れる電流の値の時間変化．

2.2.3 直流回路

化学反応や光などを利用して，陽極と陰極の端子間の電位差を一定に保つようにした装置が電池である．電池は端子間に電位差を生み，電流の担い手となる電荷を供給する．電池の陽極から回路に供給された正の電荷は，回路を通って陰極まできたあと，電池はこの電荷を陽極と陰極の間の電位差だけ電位の高いところに汲み上げるポンプの働きをすると見ることもできる．ところが回路に電流 I が流れるとき，電池の両端子間の電位差 V を測ると，電池内部に生ずる抵抗 r（**内部抵抗**）による電圧降下のために，

$$V = E - rI$$

となる．ここで，E は回路に電流が流れていないときの両端子間の電位差で，電池の**起電力**と呼ぶ．回路につながれた電気抵抗（外部抵抗）の大きさを R とすると，この抵抗における電圧降下 RI が電池の両端子間の電位差に等しいとおいて，

$$E = RI + rI$$

を得る．したがって，閉じた回路を電流の流れる方向にたどって一周したとき，

回路の起電力は（内部抵抗も含めて）すべての電気抵抗での電圧降下の総和に等しい．

例題 2.6

豆電球にかかる電圧とそこを流れる電流の関係（電流・電圧特性）が図 2.18 のように与えられている[5]．この豆電球を起電力 6[V], 内部抵抗 5[Ω] の電源につないだときに，豆電球に流れる電流の大きさを求めよ．

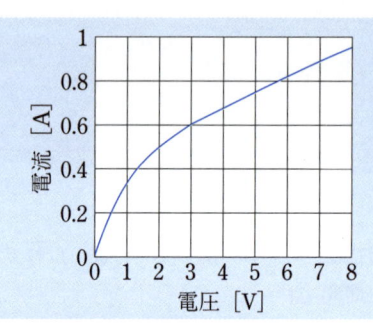

図 2.18 豆電球の電流・電圧特性

【解答】 豆電球にかかる電圧を V [V], そこを流れる電流 I [A] と書くと，$V = 6 - 5I$ が成り立つ．これを図に書き入れて，電流・電圧特性の曲線との交点を求めれば，$I = 0.6$ [A] を得る． ∎

回路にいくつもの抵抗がつながれている場合は，それらを合わせて 1 つの抵抗（合成抵抗）と見るのが便利なことがある．抵抗の値が R_1, R_2 の 2 つの抵抗をつないで，その合成抵抗の大きさを考えよう（図 2.19）．2 つの抵抗を**直列**につないだ場合は，流れる電流の大きさ I は同じなので，それぞれの抵抗で IR_1, IR_2 の電圧降下がある．2 つの抵抗を合わせた電圧降下を IR と書けば，直列につないだ抵抗を合わせた合成抵抗は

$$R = R_1 + R_2 \tag{2.20}$$

といえる．一方，2 つの抵抗を**並列**につないだ場合は，抵抗の両端にかかる電位差が共通の値 V をとると考えられるので，それぞれの抵抗を流れる電流は

---
[5] このように豆電球の電流・電圧特性がオームの法則を満たさない（電流が電圧に比例しない）のは，電流を流すことによりフィラメントの温度が大きく変化し，温度上昇に伴って電気抵抗の値が増加するためである．

2.2 電流と回路

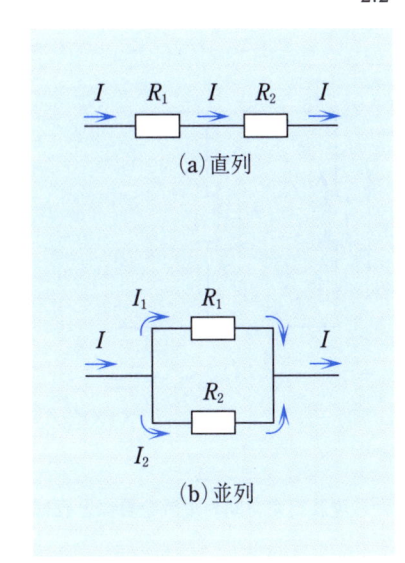

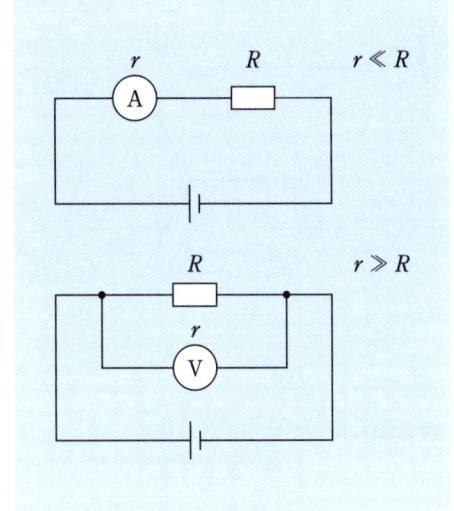

図 2.19 2つの抵抗の接続

図 2.20 電流計と電圧計

V/R_1, V/R_2 となる．この2つの電流の和が合成抵抗を流れる電流の大きさとなるので，これを合成抵抗の大きさ R を使って V/R と表せば，

$$\frac{1}{R} = \frac{1}{R_1} + \frac{1}{R_2} \tag{2.21}$$

が得られる．

　回路に流れる電流の大きさを測る計器を電流計という．電流計は，そこを流れる電流を測りたいと思う箇所に直列につなぐ．電流計をつないだことによる影響をできるだけ小さくするために，電流計自身の抵抗（内部抵抗）は小さくしてある．電流計を流れる電流 I に電流計の内部抵抗の値 r をかけてやれば，電流計の両端子間にかかる電圧 rI を得ることができる．このような計器を電圧計という．電圧計は，電位差を測りたいと思う端子間に並列につなぐ．電圧計をつないだことによって，回路全体を流れる電流の値が変らないように，電圧計の内部抵抗は大きくとる必要がある．

　電池や抵抗などの素子がいくつもつながった複雑な回路網を考えるときにも，電荷保存の法則とオームの法則が基礎となる．複雑な回路網を，回路が分岐す

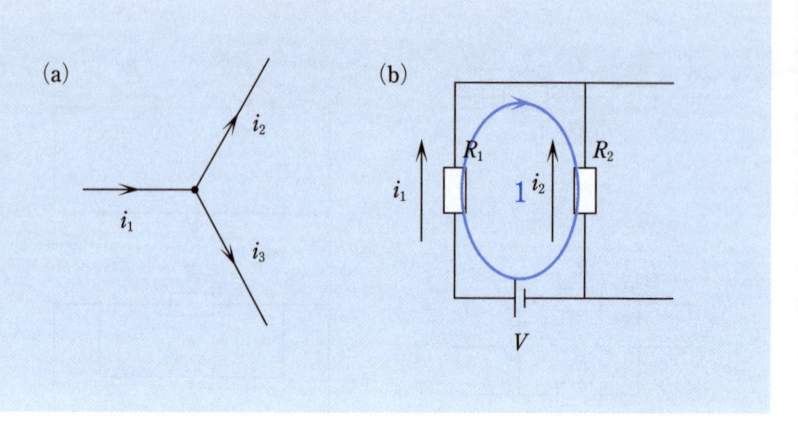

図 2.21 キルヒホッフの法則
(a) 回路の交点に流れ込む電流：交点から流れ出す方向の電流を負にとれば，$i_1 + (-i_2) + (-i_3) = 0$
(b) 閉じた経路に沿った電圧降下：経路 1 に沿った電圧降下は $R_1 i_1 + R_2(-i_2) = V$

る点，回路網の一部として見いだされる閉じた経路に着目して，それらの要素で成り立つ関係が**キルヒホッフの法則**として，次のようにまとめられている．

---**キルヒホッフの法則**---
(1) 回路網の交点に流れ込む電流の総和は 0 である．ただし，交点に流れ込む方向の電流の値を正にとったときは，交点から流れ出す方向の電流の値は負とする．
(2) 回路網の任意の閉じた回路に沿って一周するときの起電力の総和は各抵抗による電圧降下の総和に等しい．ただし，一周する向きに流れる電流を正として，その向きに電流を流そうとする起電力を正とする．

どんなに複雑な回路網であっても，回路の要素についてキルヒホッフの法則を適用していけば，回路網を流れる電流は完全に決めることができる．

2.3 静 磁 場

　はじめに紹介した通り，磁石が鉄を引きつけることは古代ギリシャの時代から知られていた．棒磁石を糸でつるし，あるいは磁石を木片に付けて水に浮かべて，自由に回転できるようにすると，地球の南北の方向を指して止まる．北を指す端をN極，南を指す端をS極と名づけ，棒磁石の両端にはこのような磁極が存在すると考える．2本の棒磁石を近づけてみればわかるように，同じ磁極は引き合い，異る磁極は斥け合う．このことからNとSの磁極は正と負の電荷に対応するように思われる．

　ところが磁極と電荷の間には大きな違いがある．棒磁石を2つに切断すると，切断された端には新たにN極とS極が生じて，2つの棒磁石になる（図2.22）．小さな磁石をさらに2つに切断すると，やはり切断された端に新たに磁極が現れ，さらに小さな磁石ができる．このように磁石の場合は，静電誘導で表面に電荷の現れた導体と異って，磁石を2つに切り離すことによりN極とS極を単独でとりだすことができない．このように2つに切り離すことのできないNとSの磁極の対を**磁気双極子**と呼ぶ．

　NとSの磁極を単独にとりだすことができないという事実は，誘電分極した絶縁体の場合と類似している．誘電分極した絶縁体では，原子内の電荷分布のず

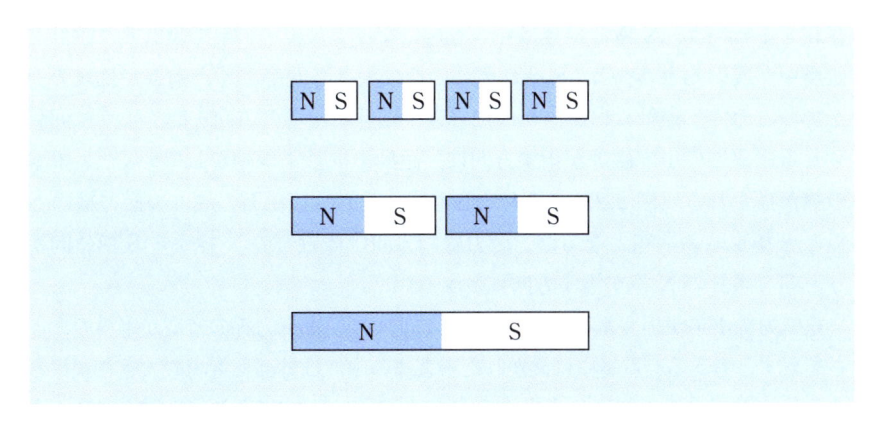

図 2.22　棒磁石を切断すると，切断された端に新たにN極とS極が生じて，小さな棒磁石になる．

れにより正負の電荷が分極した原子が，分極の方向をそろえて並んでいる（図 2.2）．磁石においては磁気双極子が，N, S の方向をそろえて並んでいると考えることができる．

2.3.1 磁場 (磁界)

電荷の担い手を電子とか陽子という基本粒子であると考えて，それのもつ電荷の大きさ，電気素量を $e = 1.6 \times 10^{-19}$ [C] とした．ところが磁極の場合は，N 極と S 極を単独にとりだすことはできないので，磁極に現れた磁荷というものは考えにくい．また磁荷の担い手となる基本粒子が存在するわけでもないので，その実体も捉えにくい．それにもかかわらず，磁極には磁荷が現れていると考えて，現れた磁荷の大きさで磁石の強さを表すことができる．2 つの磁極の間にはたらく力が，磁極間の距離 r の 2 乗に反比例し，それぞれの磁極に現れた磁荷 m, m' に比例すると見なせること，すなわち磁気力についてもクーロンの法則 (2.2) と同様に

$$F = k\frac{mm'}{r^2} \tag{2.22}$$

が成り立つことが，やはりクーロンにより確かめられた．磁荷の符号は便宜的に，N 極を正，S 極を負としておく．

空間が磁荷に力を及ぼす潜在的な性質をもつとき，そこに**磁場**または**磁界**が存在するという．N 極と S 極はいつも対になって双極子の形で現れる．磁針を磁場中に置いたとき，N, S それぞれの極に大きさが等しく，向きが反対の力が加わるので，磁針には偶力がはたらき，磁針が磁場の方向を向くように回転させる．磁場の中で磁針が指す方向に，磁針を少しずつ動かしていくと，1 本の線が描かれる（図 2.23）．これを**磁力線**と呼ぶ．棒磁石の周りの磁力線は N 極と S 極を結ぶ曲線となるが，磁力線の方向は棒磁石の N 極から S 極に向かう方向（磁針の N 極が指す方向）とする．

電気力線 1 本が担う電場の強さを適当に定めて，電気力線の密度が電場の大きさを表すと考える．電場中に置かれた誘電体の中では外部と電場の大きさが異なるために，電気力線の密度に相当するものは $\vec{D} = \epsilon\vec{E}$ で定義される電束密度である．このとき Q [C] の点電荷からは，Q 本の電気力線（電束）が全方位に向かって一様に出ていると見なすことができる．この考え方を磁場の場合にも適用し

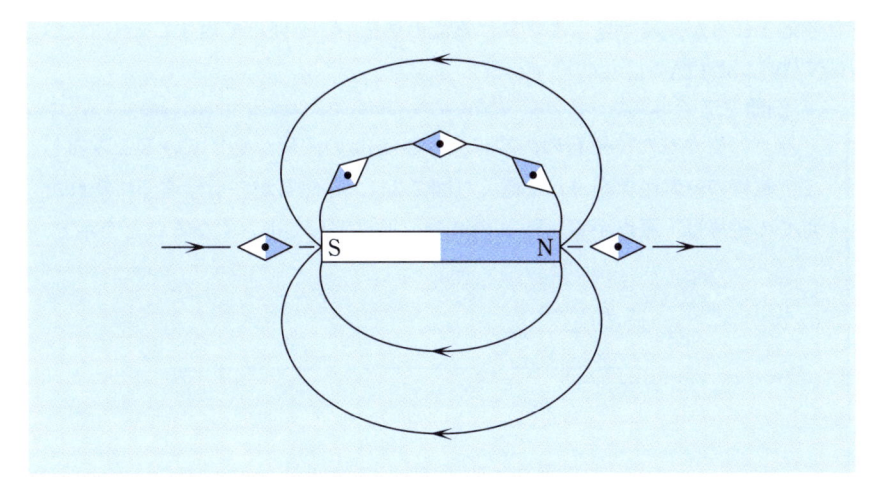

図 2.23 棒磁石の回りの磁力線

て，磁場の強さを表す量として，**磁束密度** $\vec{B}$ を考えることにする．磁束密度は磁力線の方向を向いたベクトルで，その大きさは磁力線に垂直な面 $1\,[\text{m}^2]$ を貫く**磁束**の数を表すものとする．さらに電場との対応から，強さ m の磁極から出る磁束の数を m 本と考え，このときの磁極の強さの単位を [Wb]（**ウェーバー**）と名づける．磁束密度の単位はしたがって，$[\text{Wb/m}^2]$ となる．$1\,[\text{Wb/m}^2]$ を $1\,[\text{T}]$（**テスラ**）とも表す．

磁極の単位を [Wb] で，力と長さの単位をそれぞれ [N] と [m] で表すと，式 (2.22) の比例定数 k は

$$k = \frac{1}{4\pi\mu_0} \tag{2.23}$$

と表され，μ_0 を**真空透磁率**と呼ぶ．真空透磁率の大きさは

$$\mu_0 = 4\pi \times 10^{-7} \ [\text{N/A}^2] \tag{2.24}$$

である．電場の場合に対応して，m' [Wb] の強さの磁極にはたらく力を $\vec{F}$ [N] としたとき，

$$\vec{F} = m'\vec{H}$$

で**磁場**ベクトル $\vec{H}$ を定義することができる．磁場の単位はしたがって，[N/Wb]

で与えられるが，後で見るように，電流の単位 [A] を使って表すこともできて，$1\,[\mathrm{N/Wb}]$ は $1\,[\mathrm{A/m}]$ に等しい．

例題 2.7

原点に置かれた棒磁石の両端に大きさ $\pm m$ の磁荷が生じているとみなして，磁極の位置座標を $\pm a$ と置く（図 2.24）．棒磁石から十分遠くに離れた点での磁場は，原点から距離 x の 3 乗に反比例して小さくなることを示せ．

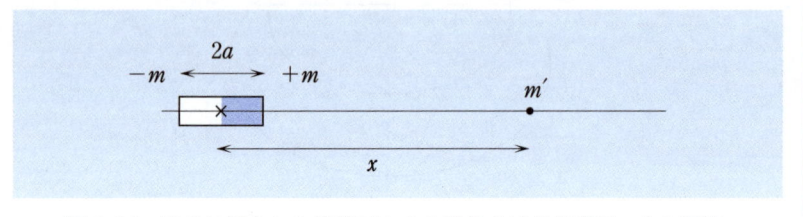

図 2.24 原点に置かれた棒磁石からの磁場を感じる磁極 m' の配置

【解答】 原点から距離 x の点での磁場の大きさは，

$$H = \frac{1}{4\pi\mu_0}\left\{\frac{m}{(x-a)^2} - \frac{m}{(x+a)^2}\right\}$$

より

$$H = \frac{1}{4\pi\mu_0}\frac{4axm}{(x^2-a^2)^2} \approx \frac{1}{2\pi}\frac{2am/\mu_0}{x^3}$$

と計算される．ここで最後の表現を導くときに，原点からの距離 x は，棒磁石の上の磁極対の間隔 $2a$ に比べて，十分に大きいとした．これより，棒磁石（磁気双極子）のつくる磁場の大きさは，棒磁石からの距離 x の 3 乗に反比例して減少することが導かれる．ここで $2am/\mu_0$ [A·m^2] は，棒磁石の磁気双極子の大きさを表す目安となっている． ■

2.3.2 電流がつくる磁場

導線に電流を流すとそのまわりに磁場が生ずる．直線状の導線に電流 I を流したときは，導線のまわりに生ずる磁力線は導線を中心とした同心円状となる．電流の向きを右ネジの進む方向にとると，磁場の方向は右ネジを回す向きとなる．これを**右ネジの法則**という．導線からの距離が r の同心円上での磁束密度の大きさは，真空透磁率を用いて，

2.3 静磁場

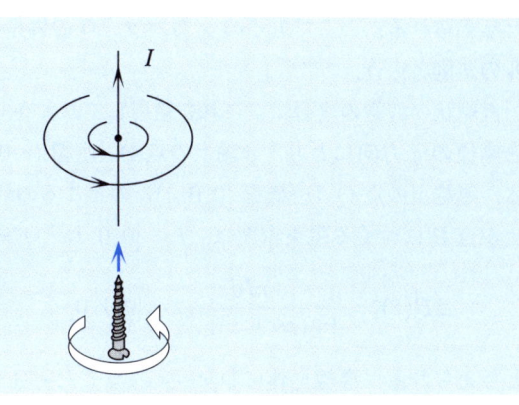

図 2.25 直線状の導線の周りにつくられる磁束密度と右ネジの法則：電流の向きを右ネジの進む方向にとると，磁場の方向は右ネジを回す向きとなる．

$$|\vec{B}| = \frac{\mu_0 I}{2\pi r} \tag{2.25}$$

と与えられる．

電場の場合のクーロンの法則 (2.5) に相当する法則を，式 (2.22) のかわりに以下のように与える．導線の短い切れ端（長さを Δl とする）を流れる電流を $\vec{I}$ とすると，この導線の切れ端の位置を原点とした位置ベクトル $\vec{r}$ の点での磁束密度は

$$\vec{B} = \frac{\mu_0}{4\pi} \frac{\vec{I} \times \vec{r}}{|\vec{r}|^3} \Delta l \tag{2.26}$$

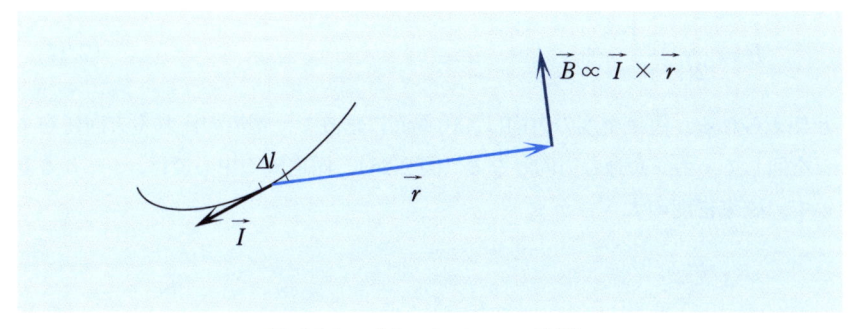

図 2.26 ビオ・サバールの法則

と与えられる．ここで分子の × はベクトルの外積を表す．これを**ビオ・サバールの法則**という．

直線状の導線の場合に，これを適用してみよう．図 2.27 のように導線の方向を座標の z 方向にとり，x 軸上の点 P（座標 $(r,0,0)$）での磁束密度を計算する．導線上の点 Q（座標を $(0,0,z)$）のところの切れ端（長さ dz）を流れる電流が点 P につくる磁束密度は，$\vec{I} = [0,0,I]$ と $\vec{r} = [r,0,-z]$ に注意すれば

$$\Delta \vec{B}(z) = \frac{\mu_0}{4\pi} \frac{rIdz}{(r^2+z^2)^{3/2}} \times [0,1,0]$$

と与えられる．導線全体にわたってこうした寄与を足し合わせることは，導線全体にわたる積分にほかならない．すなわち

$$\vec{B} = \sum_{n=-\infty}^{\infty} \Delta \vec{B}(ndz) = \frac{\mu_0}{4\pi} \int_{-\infty}^{\infty} \frac{rIdz}{(r^2+z^2)^{3/2}} \times [0,1,0]$$

において，$z = r\tan\theta$ と置いて置換積分を実行すれば，(2.25) の結果を得ることができる．

ビオ・サバールの法則を使えば，電流がつくる磁束密度を計算することができる．しかしながら上の例で見たように，導線の切れ端からの寄与を導線全体にわたって足し合わせるという手続は，積分などの少しめんどうな計算を要する．そこでここでは，以下に述べるような場合についても，ビオ・サバールの法則から導くことができることを注意して，結果のみを与えることにする．

半径 r の円状の導線を流れる電流（円電流）の大きさを I とすると，円電流の中心軸上で，円の中心から距離 z の点 P につくる磁束密度の大きさは，

$$B = \frac{\mu_0 I r^2}{2(r^2+z^2)^{3/2}} \tag{2.27}$$

と与えられる．磁束密度の方向は，円電流に垂直で，電流の流れる方向に右ネジを回して，ネジが進む方向となる（図 2.28）．円電流の中心では，$z=0$ と置いて，磁束密度の大きさが

$$B = \frac{\mu_0 I}{2r}$$

と計算される．

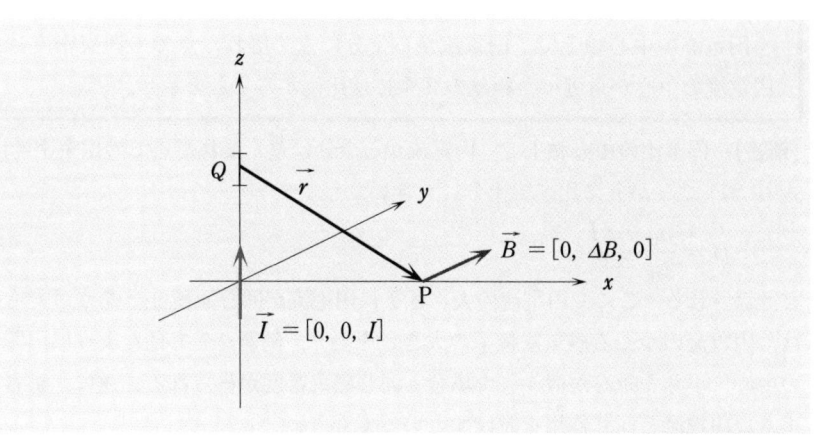

図 2.27 直線状の導線の場合にビオ・サバールの法則を適用するための座標のとり方

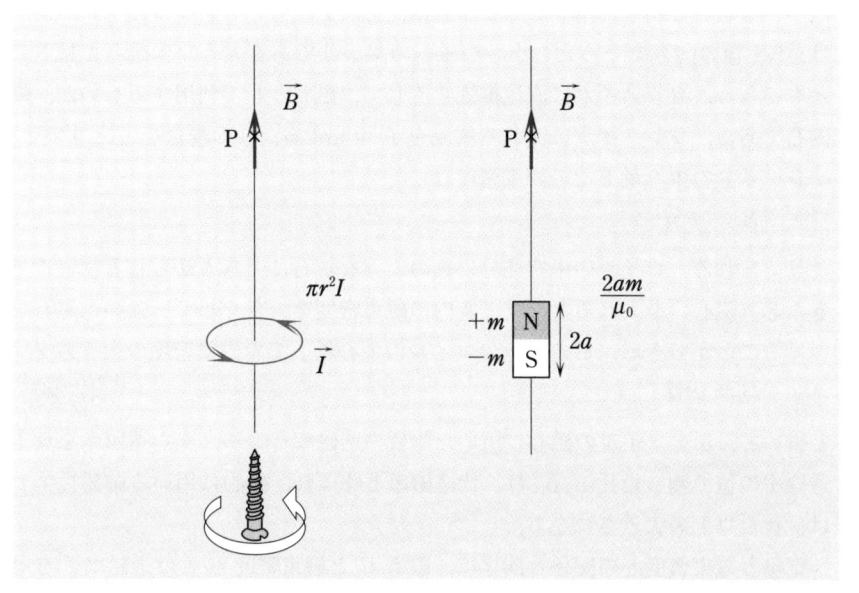

図 2.28 円電流が中心軸上につくる磁束密度の方向は，円電流に垂直で，電流の流れる方向に右ネジを回して，ネジが進む方向となる．円電流から遠く離れた点では，円電流の中心に置かれた小さな磁石と同じ磁束密度を与える．

例題 2.8

円電流の中心軸上で，円電流から十分に遠く離れた点での磁束密度は，円電流の中心から測った距離の 3 乗に逆比例することを示せ．

【解答】 円電流の中心軸上で，円電流から十分に遠く離れた点での磁束密度は，式 (2.27) で z が r に比べて十分に大きいとして，

$$B = \frac{\mu_0}{2\pi} \frac{\pi r^2 I}{z^3}$$

と計算される．ここで円電流の大きさ I に円電流が囲む面積 πr^2 をかけたものは，円電流のつくる磁気双極子の大きさを表す．例題 2.7 で見たように円電流の中心に小さな磁石が置かれた場合と同じ磁束密度が得られる．逆に，磁石は小さな円電流と同じ作用を及ぼすといってもよい． ∎

導線を密に巻いた長い円筒状のコイルを**ソレノイド**と呼ぶ．1 巻きのコイルが小さな磁石と同じ作用をもつとすれば，それが幾巻きも重なったソレノイドは，NS 極の向きをそろえた小さな磁石の集まりである大きな棒磁石と見ることもできる．ソレノイドに直流電流を流して，磁石として利用するものが，**電磁石**である．ソレノイドに流れる電流を I，1 [m] 当たりの巻数を n とすると，ソレノイドの中心軸上での磁束密度は

$$B = \mu_0 n I$$

と与えられる．コイルの中空部分に鉄のような磁石に引きよせられる物質でできた芯（**磁心**）を入れると，コイル内の磁束密度を大きくして，強い電磁石をつくることができる．このときのコイルの中心軸上での磁束密度の大きさを

$$B = \mu n I \tag{2.28}$$

と書いて，μ をコイルの磁心に用いた物質の**透磁率**と呼ぶ．また透磁率を真空透磁率の値で割った比 μ/μ_0 は，**比透磁率**と呼ばれ，磁心に用いる強磁性体では，数百以上の大きさになる．

電場と電束密度との関係と同様に，磁場 $\vec{H}$ と磁束密度 $\vec{B}$ とは透磁率 μ を用いて，

$$\vec{B} = \mu \vec{H} \tag{2.29}$$

と関係づけられる．したがってソレノイドのつくる磁場の大きさは，ソレノイドが中空であっても，磁心に透磁率 μ の物質を用いても，

$$H = nI$$

と与えられる[6]．ところが，磁力線（磁束）が途中で途切れることはないので，磁心の部分と外側の空気中で磁束密度の大きさは同じである．したがって，磁心に透磁率 μ の物質を用いた場合に，コイルの外での磁場は

$$H = \frac{B'}{\mu_0} = \frac{\mu}{\mu_0}nI > nI$$

と増幅される．これがコイルに鉄芯を用いて強い磁場を得る仕組である．

2.3.3　ローレンツ力

図 2.29 のように，一様な磁場中で磁場と垂直に置かれた導線に電流を流した場合を考える．導線のまわりに右ネジの法則に従って電流による磁場が発生するので，外部の磁石による一様な磁場と重ね合わせれば，導線の片側では磁力線が密に，反対側では疎になる．磁力線が密な部分が疎な部分に圧力を及ぼす結果，導線に磁場・電流と垂直な方向に力がはたらくことになる．

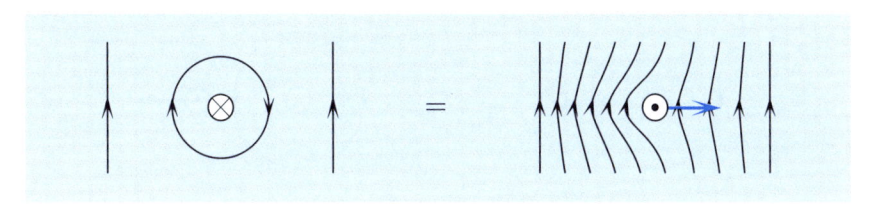

図 2.29　磁場中の電流にはたらく力

このとき長さ l の導線にはたらく力の大きさ F [N] は

$$F = IBl$$

と与えられる．ここで B [T] は一様な外部磁場に対する磁束密度，I [A] は導線を流れる電流の大きさである．力の向きまで考慮して，ベクトルの外積を用いて表せば，

$$\vec{F} = \vec{I} \times \vec{B} l \tag{2.30}$$

と与えられる．左手の中指，人差し指，親指を互いに直角に立てて，中指の指す

---

[6]　ここで，電流の単位は [A]，また n は 1 [m] 当たりのコイルの巻数であるので [m^{-1}] の単位で表される．これより磁場の単位は [A/m] で与えられることがわかる．

方向を電流，人差し指の指す方向を磁場（磁束密度）の向きにとれば，親指の指す方向が導線にはたらく力の方向となる．これを**フレミングの左手の法則**と呼ぶ．

例題 2.9

2 本の直線状の導線を，間隔 r だけ離して互いに平行において，それぞれに電流 I_1，I_2 を流したとき，導線にはたらく力を求めよ．

【解答】 一方の電流のつくる磁場は他方の電流に力を及ぼす．この力の大きさは，直線電流がつくる磁束密度 (2.25) と，磁場中の電流にはたらく力 (2.30) の表式より，1 [m] の導線につき

$$F = \frac{\mu_0}{2\pi r} I_1 I_2$$

となる．電流の向きが同じ場合には引力，反対の場合には斥力がはたらく（図 2.30）． ∎

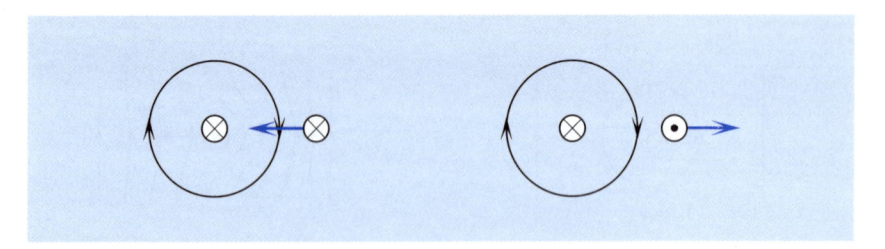

図 2.30 平行な電流同士にはたらく力

電流を荷電粒子の流れと考えると，磁場中の電流にはたらく力の起源は，磁場中を運動する荷電粒子にはたらく力と考えることができる．電荷 q [C] をもった荷電粒子が磁束密度 $\vec{B}$ [T] の磁場中を速度 $\vec{v}$ [m/s] で運動するときに，この粒子にはたらく力は，

$$\vec{F} = q\vec{v} \times \vec{B} \quad [\text{N}] \tag{2.31}$$

と与えられる．この力を**ローレンツ力**と呼ぶ．電流を運ぶ荷電粒子は，電流の向きに平均の速さ $\bar{v}$ で運動していると考え，導線の断面積を S [m^2]，荷電粒子の密度を n [m^{-3}] とする．このとき，導線の断面を 1 秒間に通過する荷電粒子の数は $n\bar{v}S$ であるので，電流の大きさは $I = qn\bar{v}S$ と計算される（2.2.1 参

照).$\vec{v}$ が電流の方向を向いた大きさ $\bar{v}$ のベクトルであるので,電流 $\vec{I}$ は

$$\vec{I} = qSn\vec{v}$$

と表される.一方,長さ l の導線の中にある荷電粒子の総数は nSl であるから,この導線にはたらく力の総和は

$$\vec{F} = (q\vec{v} \times \vec{B})nSl = \vec{I} \times \vec{B}l$$

となり,式 (2.30) を得る.

2.4 電磁誘導

閉じた回路に棒磁石を出し入れすると，回路を貫く磁力線の状態が変化する．このとき回路には起電力が生じ，電流が流れる（図 2.31）．こうして生まれた起電力を**誘導起電力**，回路に流れた電流を**誘導電流**と呼ぶ．誘導起電力は，誘導電流がつくる磁束が外から加えられた磁束の変化を打ち消す方向に生ずる．これを**レンツの法則**という．一般に，物体の状態を変化させようとすると，自然はその変化をできるだけ妨げるように作用する．化学平衡の移動に関してル・シャトリエの法則[7]が知られているが，レンツの法則もこの一般原理に則った法則である．

2.4.1 電磁誘導の法則

誘導起電力の起源を磁場中を運動する荷電粒子にはたらくローレンツ力と考えて，その法則を調べてみる．図 2.32 のように，一辺が L, l の長方形の回路（L は l に比べて十分に長いものとする）を速さ v で動かして，この回路の面に垂直な磁場（磁束密度の大きさを B とする）の中に挿入することを考えよう．導線の中の荷電粒子は磁場中で回路が動くときに，$F = qvB$ の力を A から B に向かう方向に受ける．辺 CD が磁場の中に入っていない状態では，回路に沿った方向に力を受けるのは辺 AB 上にある荷電粒子だけである．その力が回路に生じた誘導起電力による電場の結果であると考えると，辺 AB 上には $E = vB$ の電場が存在すると考えられる．したがって AB 間の電位差，すなわち回路の誘導起電力の大きさは $V = vBl$ となる．一方，短い時間 Δt の間に回路は $v\Delta t$ だけ動いた結果，閉回路の内側で磁場が存在する領域の面積は $lv\Delta t$ だけ増える．したがって Δt の間に回路を貫く磁束の数は $Blv\Delta t$ だけ変化している．

以上の考察より，回路に生ずる誘導起電力の大きさは回路を貫く磁束の数の単位時間当たりの変化に等しい．これを，起電力の向きまで考慮して，

$$V = -\frac{d\Phi}{dt} \tag{2.32}$$

---

[7] 「平衡状態にある物質群に，外部から濃度，温度，圧力などの条件を変化させたとき，その影響ができるだけ小さくなるように平衡が移動して，新しい平衡状態に移る」とする法則．

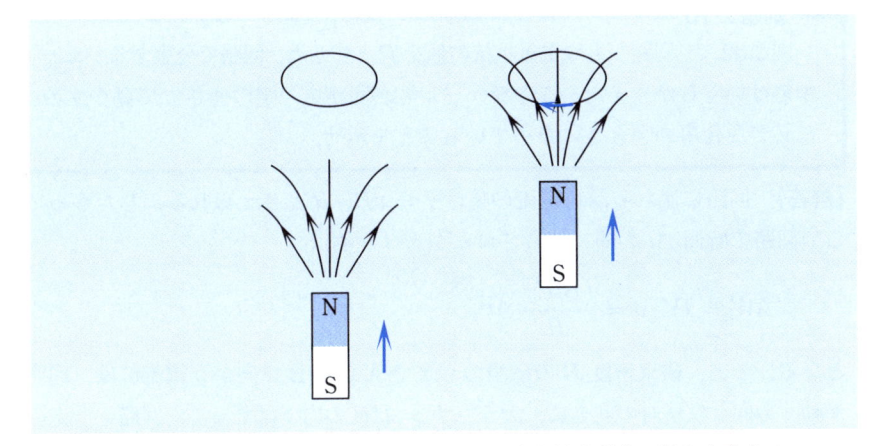

図 2.31 回路に棒磁石を出し入れすると，回路を貫く磁束の数が変化する．

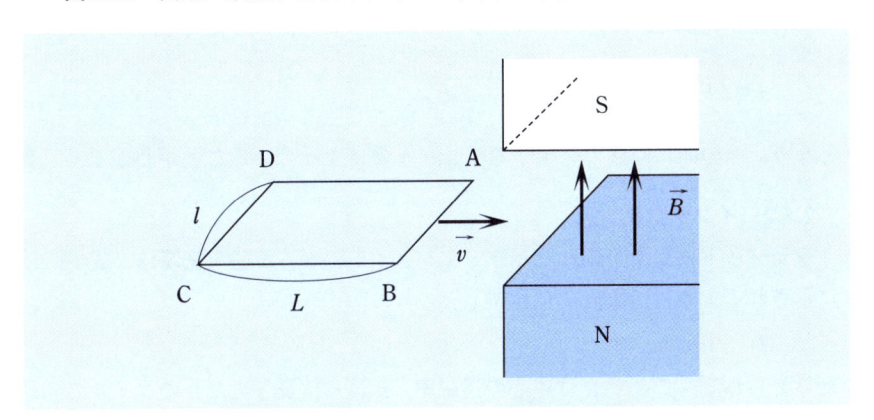

図 2.32 回路に誘導起電力が生ずる様子

と表す．ここで V は誘導起電力，$\varPhi$ は回路を貫く磁束の数である．磁束の数の 1 秒ごとの時間変化は，時間による微分で表される．これを**ファラデーの法則**または**電磁誘導の法則**と呼ぶ．式 (2.32) は 1 つの回路に生ずる誘導起電力の大きさを表しているが，N 巻きのコイルを使えばコイルの両端に生ずる誘導起電力の大きさは N 倍になり，

$$V = -N\frac{d\varPhi}{dt}$$

と表される．

例題 2.10

図 2.32 で，回路がもつ電気抵抗の値を R とすると，回路で発生するジュール熱はいくらか．また，このジュール熱が回路を一定の速さ v で動かすのに必要な仕事の大きさになっていることを示せ．

【解答】 回路に流れる誘導電流の値は $I = vBl/R$ と与えられる．したがってこの回路で時間 Δt の間に消費されるジュール熱は，

$$\Delta W = IV\Delta t = \frac{(Blv)^2}{R}\Delta t$$

となる．一方，磁束密度 B の磁場のもとで A から B に向かう電流には，回路が動く方向とは反対の向きに，大きさ $F = IlB$ の力がはたらく．回路を一定の速さ v で動かすためには，この力に抗して外力を加えてやらなければならない．この外力が時間 Δt の間にする仕事は $Fv\Delta t$ であり，I の表式を代入すれば，

$$Fv\Delta t = IlBv\Delta t = \frac{(Blv)^2}{R}\Delta t$$

となり，その間に回路で発生するジュール熱になっていることがわかる．■

2.4.2 インダクタンス

ソレノイドに電流が流れたとき，ソレノイドのつくる磁束密度は，式 (2.28) に示されるように，電流 I に比例し，

$$B = \mu n I$$

と与えられる．ここで μ は磁心の透磁率，n は単位長さ当たりのコイルの巻数である．このときコイルを貫く磁束は，その断面積を S とすれば，

$$\Phi = BS = \mu S n I$$

となる．電流 I が時間とともに変化する場合は，コイルを貫く磁束がそれに伴って変化し，誘導起電力を生ずる．その大きさは

$$V = -N\frac{d\Phi}{dt} = -N\mu S n\frac{dI}{dt}$$

である．ここで N はコイルの巻数であるが，コイルの長さを l とすれば，$N = nl$ と与えられるので，コイルの両端に生ずる起電力は

$$V = -\mu S l n^2 \frac{dI}{dt}$$

と与えられる.

以上の考察より，一般にコイルに流れる電流 I が時間とともに変化する場合には，コイルの両端に電流の時間微分に比例した起電力 V が生ずるといえる．これを

$$V = -L\frac{dI}{dt} \tag{2.33}$$

と表し，比例定数 L を**自己インダクタンス**と呼ぶ．電位差と電流の単位をそれぞれ [V] と [A] にとったとき，インダクタンスの単位を [H] で表し，ヘンリーと読む．最初に議論した理想的なソレノイドの場合，自己インダクタンスは

$$L = \mu S l n^2 \tag{2.34}$$

と与えられる.

図 2.33(a) のように大きさ R の電気抵抗と自己インダクタンス L のコイルを直列に，起電力 V の電池につなぐ．回路に流れる電流を I と書けば，コイルの両端には式 (2.33) で表されるように電位差が生ずる．この電位差と電池の起

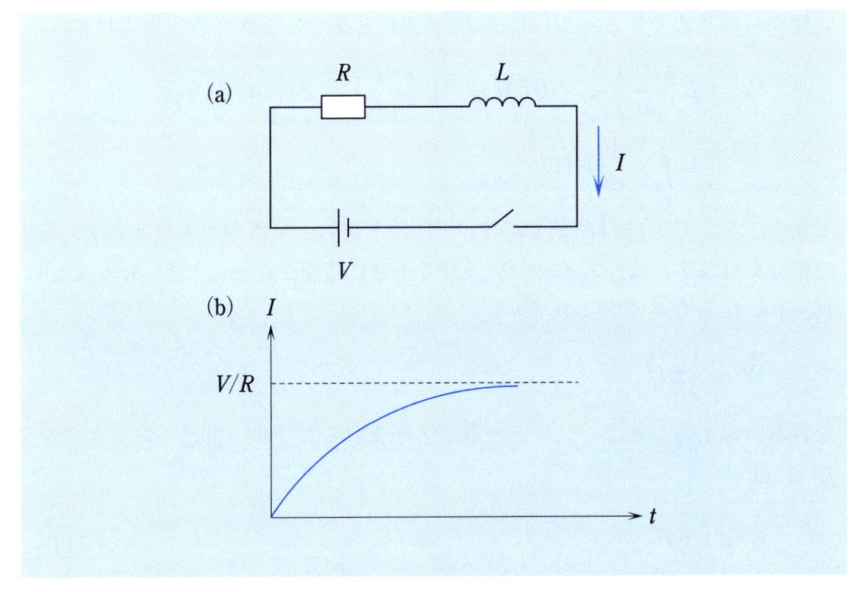

図 2.33 コイルと抵抗をつないだ回路における過渡的応答

電力を足したものが抵抗における電圧降下に等しいとして，

$$RI = V - L\frac{dI}{dt} \tag{2.35}$$

が成り立つ．これを電流 I に対する微分方程式と考えて，時刻 $t=0$ でスイッチを閉じたときに回路に流れている電流は 0 とする初期条件のもとにこれを解けば，一般の時刻 t に回路に流れる電流は

$$I = \frac{V}{R}\left[1 - \exp\left(-\frac{R}{L}t\right)\right]$$

と求められる．したがって回路を閉じてから十分に時間が経てば，回路には大きさ $I_0 = V/R$ の定常電流が流れることになる（図 2.33 (b)）．

コイルの定常電流 I_0 が流れている状態では，コイルを貫いて一定の磁場が生じている．このような状態では，コイルに磁場のエネルギーが蓄えられていると考えることができる．コイルに電流 I が流れているときに，コイルの両端には式 (2.33) で与えられる電位差が生じている．コイルの両端の間を，短い時間 Δt の間に，$\Delta Q = I\Delta t$ だけの電荷が運ばれると考えると，その間に回路につないだ電池がする仕事は $\Delta W = |V|\Delta Q$ となる．コイルに電流が流れていない状態からはじめて，コイルに電流 I_0 が流れるまでになされる仕事の総和は

$$\begin{aligned}W &= L\left(\frac{dI}{dt}\right)_{t=0} I(0)\Delta t + + L\left(\frac{dI}{dt}\right)_{t=\Delta t} I(\Delta t)\Delta t + \cdots \\ &= L\int_0^\infty \frac{dI}{dt} I(t)dt\end{aligned}$$

となる．ここで $I(t)$ は時刻 t において回路を流れる電流の大きさを表す．右辺の積分を計算すれば，スイッチを入れて十分に時間が経ったとき（$t = \infty$）に，$I(\infty) = I_0$ となることより，

$$W = \frac{1}{2}LI_0^2$$

を得る．以上のことより，一定の電流 I が流れるコイル（自己インダクタンス L）には

$$U = \frac{1}{2}LI^2 \tag{2.36}$$

だけのエネルギーが蓄えられていることがわかる．

例題 2.11

コイルに一定の電流を流して,磁場を発生させたとき,コイルの芯には $1\,[\mathrm{m}^3]$ 当たり $\frac{1}{2}\mu H^2$ のエネルギーが蓄えられていることを示せ.

【解答】 コイルの自己インダクタンスとして式 (2.34) を用いれば,コイルに蓄えられた磁場のエネルギーは,

$$U = \frac{1}{2}\mu S l n^2 I^2 = S l \frac{1}{2\mu}(\mu n I)^2$$

となる.ここで Sl がコイルの芯の体積,$\mu n I$ がコイルがつくる磁束密度の大きさ B であることを考えれば,コイルの芯には $1\,[\mathrm{m}^3]$ 当たり

$$E = \frac{1}{2\mu}B^2 = \frac{1}{2}\mu H^2 \tag{2.37}$$

のエネルギーが蓄えられていると見なすことができる. ∎

2 つのコイルが近くに置かれている場合には,一方のコイル(一次コイル)がつくりだす磁束密度の変化が,他方のコイル(二次コイル)に誘導起電力を生ずる(図 2.34).これを**相互誘導**と呼び,

$$V_2 = -M\frac{dI_1}{dt}$$

と表す.ここで I_1 は一次コイルに流れる電流,V_2 は二次コイルに生ずる誘導起電力の大きさであり,M を**相互インダクタンス**と呼ぶ.断面積が S で透磁率が μ の鉄心に,単位長さ当たり n 巻きの一次コイルと,合計 N 巻きの二次コイルを巻いたとする.一次コイルに電流 I_1 を流したときに,両コイルを貫く

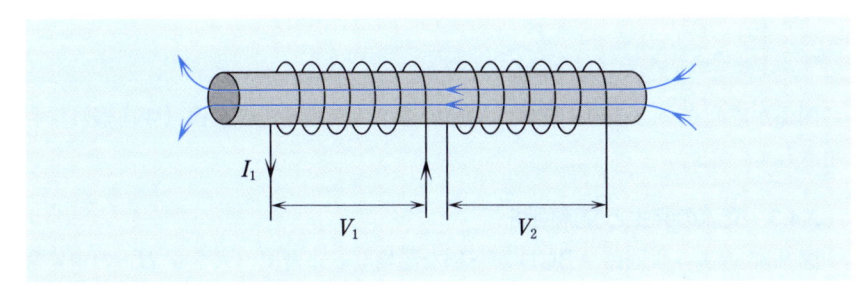

図 2.34 相互誘導:同じ鉄心に巻いたコイルの一方に電流を流せば,他方に起電力が生ずる.

磁束の大きさは，$\mu n I_1 S$ と与えられる．一次コイルを流れる電流の大きさが時間とともに変化するときに，二次コイルに生ずる誘導起電力は

$$-N\frac{d\Phi}{dt} = -N\mu nS\frac{dI_1}{dt}$$

となり，相互インダクタンスは，$M = \mu N n S$ と与えられる．

　一次コイルと二次コイルの役割を入れ換えて，二次コイル側に流れる電流 I_2 の変化が一次コイル側につくる誘導起電力 V_1 は同じ相互インダクタンスを用いて，

$$V_1 = -M\frac{dI_2}{dt}$$

と与えられる．ただし，このことを示すには，上の例にあるような簡単な考察ではなく，もう少し詳しい計算が必要である．

　相互誘導を次のように考えることもできる．一次コイルに電流を流したときに生ずる磁束を Φ と書けば，一次コイルの両端の電位差は

$$V_1 = -N_1\frac{d\Phi}{dt}$$

と与えられる．ここで N_1 は一次コイルの巻数である．この磁束の変化が二次コイルの誘導起電力を生ずると考えると，巻数が N_2 の二次コイル側に生ずる電位差は

$$V_2 = -N_2\frac{d\Phi}{dt}$$

と与えられる．これより一次コイル，二次コイルの電位差の間に

$$\frac{V_1}{V_2} = \frac{N_1}{N_2}$$

の関係が成り立つ．この原理は，次節で述べる交流電圧の変換（変圧器）に利用されている．

2.4.3　交流の発生と交流回路

　図 2.35 のような回路 ABCD が一様な磁場（磁束密度の大きさ B）の中に置かれ，磁場に垂直な軸の周りに一定の角速度 ω で回転している．回路 ABCD の面積を S として，回路面 ABCD の垂線が磁場の方向となす角を θ と書くことに

2.4 電磁誘導

する．回路 ABCD を磁場に垂直な面への投影したときに，その面積は $S\cos\theta$ を与えられることから，回路を貫く磁束は

$$\Phi = BS\cos\theta = BS\cos\omega t$$

となる．ただし，時刻 $t=0$ では回路面は磁場に垂直な方向を向いていたとして，$\theta = \omega t$ と置いた．この回路に生ずる起電力は

$$V = -\frac{d\Phi}{dt} = BS\omega\sin\omega t$$

と与えられる．回路に電気抵抗をつなげば，回路には周期的に向きが変る電流が流れることになる．このような電流を**交流電流**という．交流の周期は $T = 2\pi/\omega$ で与えられる．交流の振動数 $f = 1/T$ は**周波数**と呼ばれ，ω はこれと区別して**角周波数**と呼ばれる．また $\theta = \omega t$ は交流の**位相**という．

一様な磁場の中で電流には，式 (2.30) で与えられる力がはたらく．回路の回転とともに周期的に変化する電流の向きに注意すると，回路の回転軸と平行な AB，CD 上を流れる電流には，回路を回転と反対の方向に回そうとする偶力がはたらくことがわかる．したがって，回路を一定の角速度で回し続けるためには，この偶力に抗して仕事をしなければならない．この仕事は回路でジュール熱として消費されることになる．

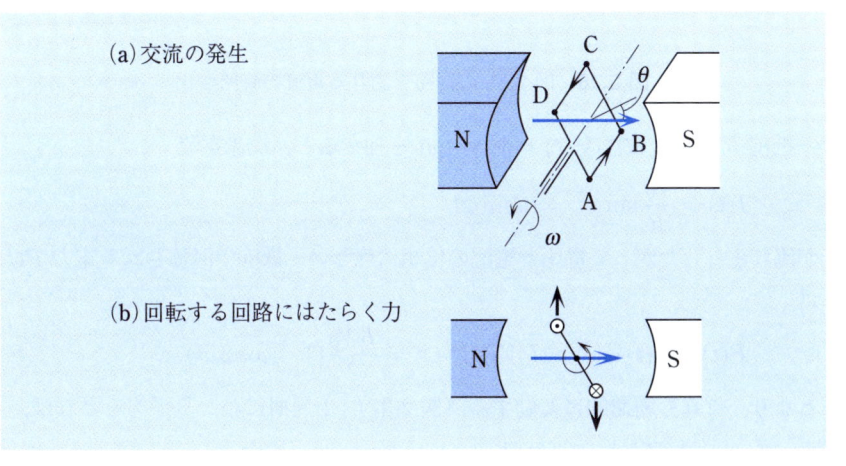

図 2.35

例題 2.12

図 2.35 の装置で，回路 ABCD が一定の角速度 ω で回転するとき，回路に流れる電流の時間変化を示し，各時刻で回路には回転方向と反対向きに回路を回そうとするモーメントがはたらいていることを確かめよ．

【解答】 電流の向きを A から B に向かう方向を正にとれば，電流の時間変化は図 2.36 のようになる．$I > 0$ で電流が A から B に向かって流れている $0 < t < T/2$ の間は，導線 AB は回転軸に対して右側にあり，導線には下向きの力がはたらくことになる（図 2.35(b)）．$T/2 < t < T$ の間は電流は B から A に向かって流れて，導線 AB にはたらく力は上向きとなるが，このとき導線 AB は回転軸に対して左側にあり，回路にはたらく偶力のモーメントは，いつでも回路の回転とは反対向きであることがわかる． ■

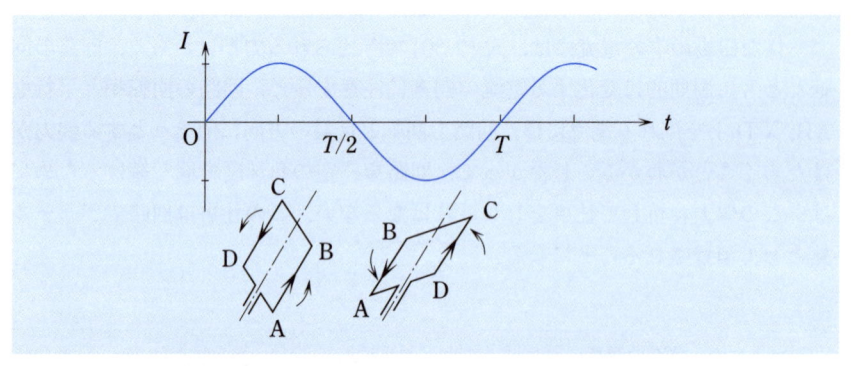

図 2.36 図 2.35 の回路を流れる電流の時間変化

抵抗 R に交流電圧 $V(t) = V_0 \sin \omega t$ を加えると，交流電流

$$I(t) = \frac{V_0}{R} \sin \omega t = I_0 \sin \omega t$$

が流れる．したがって電圧と電流の位相は等しい．抵抗で消費される電力 $P(t)$ は

$$P(t) = I(t)V(t) = I_0 V_0 \sin^2 \omega t = \frac{I_0 V_0}{2}(1 - \cos 2\omega t)$$

となり，これも周期的に変動する（図 2.37）．1 周期にわたる平均をとれば，

$$\bar{P} = \frac{1}{T} \int_0^T dt P(t) = \frac{1}{2} I_0 V_0$$

2.4 電磁誘導

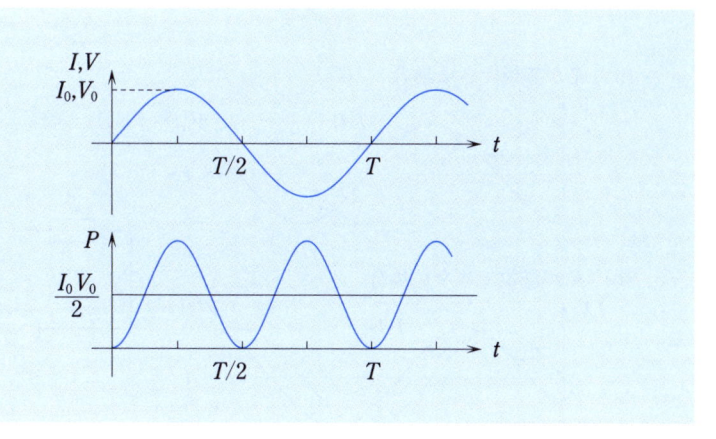

図 2.37 交流回路に流れる電流と消費電力の時間変化

を得る．ここで

$$I_e = \frac{1}{\sqrt{2}} I_0, \quad V_e = \frac{1}{\sqrt{2}} V_0$$

と置けば，$\bar{P} = I_e V_e$ と表される．このような I_e, V_e を電流，電圧の**実効値**と呼ぶ．「100 V の交流電圧」といった場合には，この実効値を表している．

抵抗 R とともに，インダクタンス L のコイルがつながれた交流回路を考えよう（図 2.38）．コイルの両端には式 (2.33) で与えられる電位差が生じているので，

$$RI = V(t) - L\frac{dI}{dt} \tag{2.38}$$

が成り立つ．ただし $V(t) = V_0 \sin \omega t$ である．もし回路の抵抗が無視できる場合には，(2.38) の解は

$$I(t) = -\frac{V_0}{\omega L} \cos \omega t$$

となり，電圧と電流の位相が $\pi/2$ だけずれることがわかる．

回路の抵抗が無視できない場合には，電圧と電流の位相のずれを考慮して，

$$I(t) = I_0 \sin(\omega t - \alpha)$$

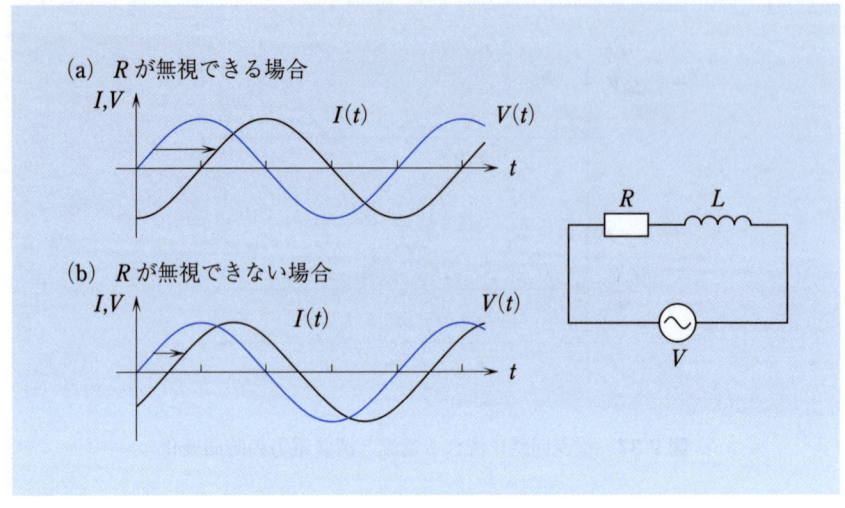

図 2.38　コイルと抵抗をつないだ交流回路

と仮定してみよう．これを (2.38) に代入すれば，

$$\begin{aligned}
& L\frac{dI}{dt} + RI - V(t) \\
&= L\omega I_0 \cos(\omega t - \alpha) + RI_0 \sin(\omega t - \alpha) - V_0 \sin\omega t \\
&= (L\omega I_0 \sin\alpha + RI_0 \cos\alpha - V_0) \sin\omega t \\
&\quad + (L\omega I_0 \cos\alpha - RI_0 \sin\alpha) \cos\omega t \\
&= 0
\end{aligned} \tag{2.39}$$

が得られる[8]．3, 4 行目で $\cos\omega t$ と $\sin\omega t$ の係数を 0 とおいて，

$$\tan\alpha = \frac{L\omega}{R} \tag{2.40}$$

$$I_0 = \frac{V_0}{L\omega \sin\alpha + R\cos\alpha} = \frac{V_0}{\sqrt{R^2 + (L\omega)^2}} \tag{2.41}$$

を得る．

---
[8]　2 行目から 3 行目を導く際に，三角関数の加法定理
$$\cos(\alpha + \beta) = \cos\alpha \cos\beta - \sin\alpha \sin\beta$$
$$\sin(\alpha + \beta) = \sin\alpha \cos\beta + \cos\alpha \sin\beta$$
を利用した．

例題 2.13

コイルのかわりに,容量 C のコンデンサーがつながれた交流回路について,印可する交流電圧 $V(t) = V_0 \sin \omega t$ に対して,回路に流れる電流の振幅と位相のずれを調べよ.

【解答】 コンデンサーの極板に Q の電荷が充電されているとすると,

$$RI + \frac{Q}{C} = V(t) \tag{2.42}$$

が成り立つ.ただし,コンデンサーの極板上の電荷は電流 I により運ばれるので,$I = dQ/dt$ である.

$$I(t) = I_0 \sin(\omega t - \alpha)$$

と仮定すると,$I = dQ/dt$ が成り立つので,

$$Q(t) = -\frac{I_0}{\omega} \cos(\omega t - \alpha)$$

である.これを (2.42) に代入すれば,上と同様の計算により,

$$\tan \alpha = -\frac{1/C\omega}{R} \tag{2.43}$$

$$I_0 = \frac{V_0}{\sqrt{R^2 + (1/C\omega)^2}} \tag{2.44}$$

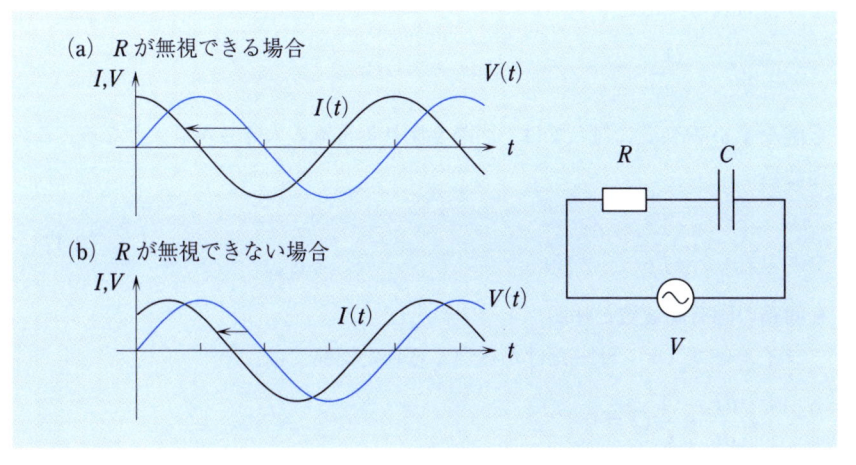

図 2.39 コンデンサーと抵抗をつないだ交流回路

を得る．回路の抵抗が無視できる場合は，$R=0$ より $\alpha=-\pi/2$ を得る．したがって電圧と電流の位相は，コイルがつながれている場合とは逆向きに $\pi/2$ だけずれることがわかる．　■

式 (2.41), (2.44) からわかるように，交流回路ではコイルやコンデンサーが電気抵抗と似た働きをして，回路を流れる電流の大きさをコントロールする．交流の周波数 ω が大きくなると，コイルをつないだ回路では電気抵抗 R に比べて ωL の値が大きくなって，回路に電流が流れにくくなる．逆に周波数が 0 の場合は，$1/\omega C$ の寄与のために，コンデンサーがつながれた回路では電流が流れにくくなる．この場合は，電流の向きが変化する周期が無限に長くなるので，直流の状態を表すと見なすことができるが，直流回路ではコンデンサーに充電が完了すれば，回路を流れる電流の値は 0 である（図 2.17）．ωL, $1/\omega C$ といった量は回路の**リアクタンス**と呼ばれる．

コイルとコンデンサーが両方つながれた回路では，電流の大きさと位相のずれは

$$\tan\alpha = \frac{\omega L - 1/\omega C}{R} \tag{2.45}$$

$$I_0 = \frac{V_0}{\sqrt{R^2 + (\omega L - 1/\omega C)^2}} \tag{2.46}$$

と与えられる．ここで

$$\omega L = \frac{1}{\omega C}$$

を満たす ω の交流に対しては，回路を流れる電流の大きさが最大となる．この周波数

$$\omega_0 = \frac{1}{\sqrt{LC}} \tag{2.47}$$

を回路の**固有周波数**と呼ぶ．

コイルとコンデンサーだけからつくられた回路では，

$$L\frac{dI}{dt} + \frac{1}{C}Q = 0$$

が成り立つ．$I = dQ/dt$ を考慮すれば，

2.4 電磁誘導

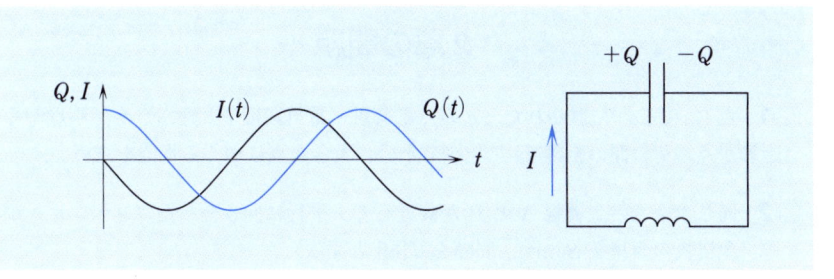

図 2.40 コンデンサーとコイルによる振動回路

$$\frac{d^2Q}{dt^2} = -\frac{1}{LC}Q = -\omega_0^2 Q$$

を得る．これは周波数がこの回路の固有周波数 (2.47) で与えられる単振動の方程式にほかならない．実際に時刻 $t=0$ でコンデンサーには $\pm Q_0$ の電荷が充電されていたとすれば，

$$Q(t) = Q_0 \cos\omega_0 t, \quad I(t) = -\omega_0 Q_0 \sin\omega_0 t$$

が得られ，回路に振動電流（交流電流）が生ずることがわかる（図 2.40）．このように回路につながれたコンデンサーの容量とコイルのインダクタンスを調節することにより，決まった周波数の交流をつくりだしたり，特定の周波数の入力に対して大きな出力を得たりすることが可能である．これと後で述べる電波（電磁波）の発生 (3.3.1) を利用して，決まった周波数の電波にのせて情報を送信し，その周波数の電波を受信して送られた情報を得ることができる．

例題 2.14

図 2.40 の振動回路で，コンデンサーに蓄えられた静電エネルギーとコイルに蓄えられたエネルギーの総和は，時間によらず一定であることを示せ．

【解答】 コンデンサーに蓄えられた静電エネルギーとコイルに蓄えられたエネルギーの総和は

$$\begin{aligned}\frac{1}{2C}Q^2 + \frac{1}{2}LI^2 &= \frac{Q_0^2}{2C}\cos^2\omega_0 t + \frac{L}{2}(\omega_0 Q_0)^2 \sin^2\omega_0 t \\ &= \frac{Q_0^2}{2C}\end{aligned}$$

より，時間によらず一定の値になっている． ■

2章の問題

☐ **1** 点 $(0, 0, \pm a)$ に置かれた $\pm q$ の点電荷対（**電気双極子**と呼ぶ）が，原点からの距離が点電荷の間の距離 $2a$ に比べて十分に大きな点につくる電位を求めよ．

☐ **2** 同じ大きさの金属板 A と B が接近して，平行に向き合ったコンデンサーがある（金属板の面積を $S\,[\mathrm{m}^2]$，間隔を $d\,[\mathrm{m}]$ とする）．
 (1) これらの金属板を電位差 $V\,[\mathrm{V}]$ の電池の正負の電極につないだとき，A と B の金属板に生ずる電荷の量を求めよ．
 (2) A と B の金属板を電池につないだまま，A と B の間に面積の等しい第 3 の金属板 C（厚さ $t\,[\mathrm{m}]$）を挿入したとき，A と B の金属板に生ずる電荷の量を求めよ．

☐ **3** 図 2.41 に示すような回路において，CD 間のスイッチを開閉しても，CD 間に電流が流れない場合に，R_1, R_2, R_3, R_4 の間に成り立つ関係を求めよ．この関係を利用して，抵抗値がすでに知られている抵抗 R_1, R_2, R_3 を使って，未知の抵抗の値 R_4 を測る装置を**ホイートストンブリッジ**という．

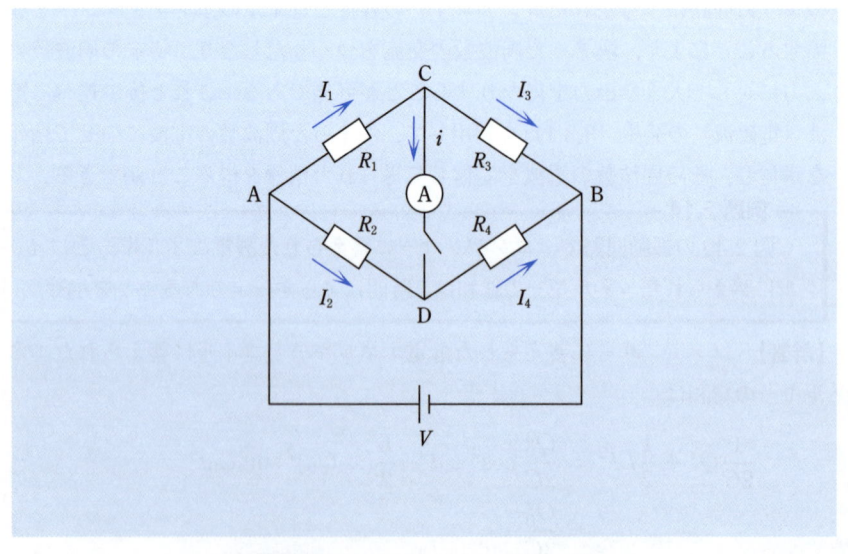

図 2.41 ホイートストンブリッジ

2章の問題

4 質量 m [kg], 電荷 q [C] をもつ粒子が, 電極間の電圧 V [V] で加速された後, 磁束密度 B [Wb/m^2] の一様な磁場の中へ, 磁場に垂直に入射した. このとき, 荷電粒子は磁場中を半径 r [m] の円を描いて運動した. この円の半径から, 荷電粒子の比電荷 q/m [C/kg] を求めよ. もし荷電粒子の電荷が電子の素電荷に等しいことが予めわかっていれば, この原理を使って, 粒子の質量を測ることができる. このような機器を質量分析器という.

5 図 2.42 のように直方体の試料に一定の電流 I [A] を流し, それと垂直な方向に磁束密度 B [Wb/m^2] の一様な磁場を加える. このとき試料の XY 間に電位差 V_H [V] が生ずる. この現象を**ホール効果**と呼ぶ. ホール効果は以下のように理解することができる. 電流の担い手（キャリアー）が電荷 q [C] をもつ粒子で, これが平均の速度 v [m/s] で試料内を運動しているとする. このとき粒子にはたらくローレンツ力と, XY 間に生じた電位差による力がつり合って, 試料には一定の電流が流れ続けると考えられる.

(1) キャリアーの電荷の正負により, Y を基準にしたときの X の電位の正負が異なることを示せ.
(2) 1 [m^3] 当たりのキャリアーの数 n [m^{-3}] を, I, B, V_H を用いて表せ.

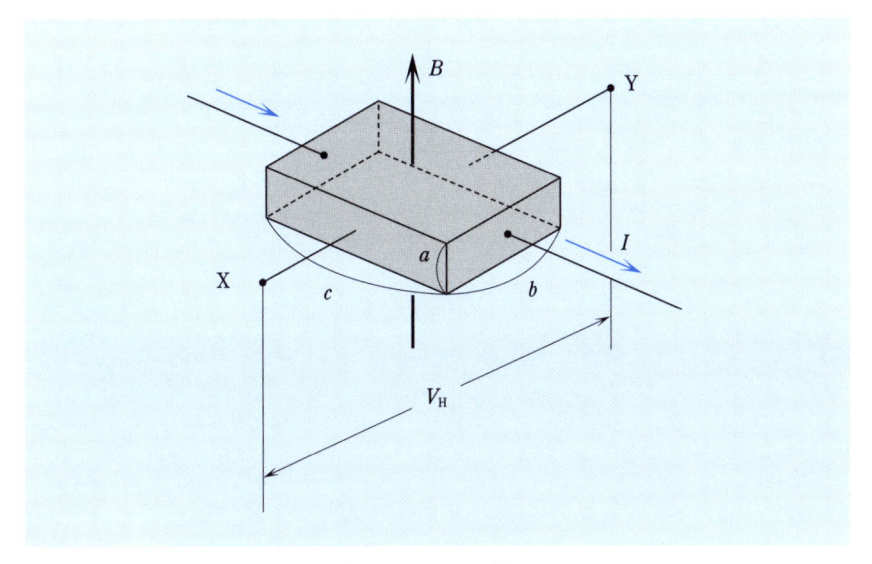

図 2.42 ホール効果

□ **6** 図 2.43 のように,容量 C のコンデンサーと自己インダクタンス L のコイルを並列に,抵抗 R と直列につないだ回路を考える.印可する交流電圧を

$$V(t) = V_0 \sin \omega t$$

としたときに,抵抗 R に流れる電流の振幅と位相のずれを求めよ.

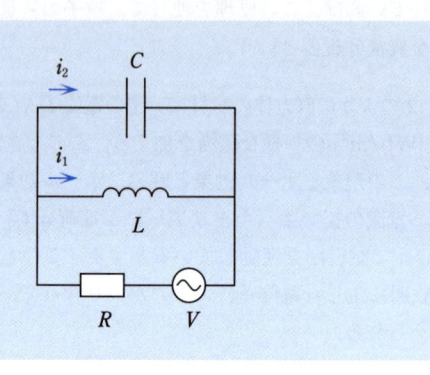

図 2.43

3 波動

　力学でも電磁気でも，振動という現象がしばしば現れることを見た．場所ごとにくり返される単純な振動が，次々と伝わっていく現象を波動と呼ぶ．波動は，私たちの日常生活のあらゆるところで登場する物理現象である．例えば私たちが感じる音や光も波動の1つである．この章では，波の一般的な性質を説明した後，音波や光に特有の波動現象について，解説する．

> **3章で学ぶ概念・キーワード**
> - 波動，振幅，周波数，波長，周期
> - 重ね合わせの原理，干渉，定常波，うなり
> - ホイヘンスの原理，反射，屈折，屈折率，回折
> - ドップラー効果
> - 電磁波，レンズ，分散，偏光，散乱

3.1 波の性質

水面に小石を落としたとき,そこから同心円状に波紋が広がっていく.そのとき水に浮かんだ木の葉が上下するのを見ればわかるように,水は波紋とともに運ばれているわけではなく,その場で振動をくり返しているだけである.このように,場所ごとの単純な振動が次々と伝わっていく現象を**波動**と呼ぶ.私たちが感じる音や光も,実はこの波動現象の1つである.波動を伝える物質を**媒質**と呼ぶ.波動(波)は物質(媒質)が移動することなく,エネルギーだけを伝える現象ともいえる.

3.1.1 正弦波

媒質のある一点(座標を $x=0$ とする)での振動が単振動と見なせる場合,時刻 t における媒質の振動を

$$y(x=0,t) = A\sin\omega t \tag{3.1}$$

と与える.このとき,A を波の**振幅**,ω を**角周波数**,ωt を波の**位相**と呼ぶ.また

$$T = \frac{2\pi}{\omega}$$

を波の**周期**と呼び,

$$f = \frac{1}{T}$$

は1秒間に媒質が何回振動するかを表す**振動数**を与える.振動数の単位には,毎秒を表す [s^{-1}] が用いられるが,[Hz](ヘルツと読む)を用いる場合もある.すなわち,1秒間に100回の振動を 100 [s^{-1}] と書いてもよいが,100 [Hz] と表すこともある.

媒質中を波が伝わるという現象は,時刻 $t=\Delta t$ の波形は,時刻 $t=0$ における波形を $\Delta x = c\Delta t$ だけ平行移動したものとなることを意味する(図3.1).ここで c は波の伝わる速さを表す.図3.1において,点Aと点Bでの振動の位相は同じになっている.このような同位相の点の間の距離をこの波動の**波長**と呼ぶ.1波長だけ波が進めば,それぞれの点で媒質は1周期分だけ振動するので,周期 T の間に波は波長 λ だけ進むと考えて,

3.1 波の性質

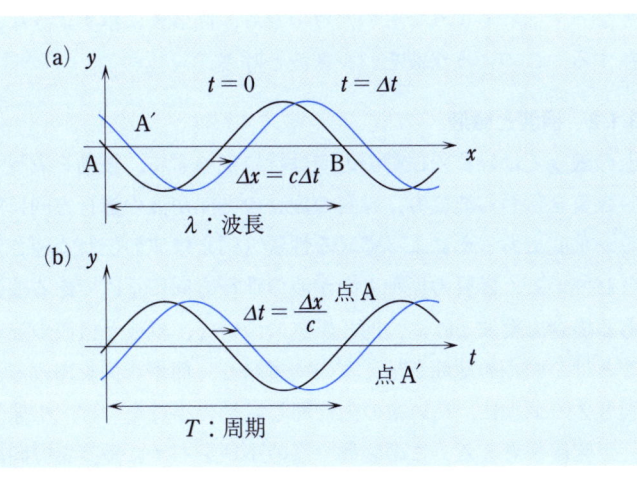

図 3.1 (a) 時刻 $t=0$ と $t=\Delta t$ における媒質の変位の空間変化
(b) 座標が $x=0$（点 A）と $x=\Delta x$（点 A'）の点における媒質の変位の時間変化

$$\lambda = cT \tag{3.2}$$

または $\omega = \dfrac{2\pi}{T}$ の関係を使って，

$$\omega = c\frac{2\pi}{\lambda} \tag{3.3}$$

を得る．

媒質中で波の進行方向に x だけ離れた点では，$x=0$ における振動が時間 x/c だけ遅れて観測されることになるので，媒質の変位 $y(x,t)$ は

$$y(x,t) = A\sin\omega\left(t - \frac{x}{c}\right) \tag{3.4}$$

と与えられる．波の伝わる方向が x 軸の負の方向である場合の波は

$$y(x,t) = A\sin\omega\left(t + \frac{x}{c}\right) \tag{3.5}$$

と表される．このような波を**正弦波**と呼ぶ．

波動には正弦波のように，空間の至るところで媒質が単振動をくり返し，波

動となって伝わるようなものだけでなく，図3.3に示すような，孤立した波も存在する．このような波をパルス波と呼ぶ．

3.1.2 横波と縦波

上の議論では媒質の振動の方向は特に定めずに，波動を表現した．ところが同じ媒質を伝わる波でも，媒質の振動の方向が波の進行方向に対して，平行であるか垂直であるかによって異る性質（例えば波の伝わる速さ）をもつことが知られている．媒質の振動方向が波の進行方向に垂直である波動を**横波**，平行である場合を**縦波**と呼ぶ．同じ媒質について，縦波と横波の違いを詳しく論ずることはこの本の範囲を越えるので省略し，簡単な例をあげることにする．

図3.2のように，長い糸の先に同じ質量の小球をつけ，小球同士をバネでつないだ装置を考える．この装置で端の小球をバネに垂直な方向に弾くと，この小球は単振り子としてバネに垂直な方向に単振動を始める．隣の小球はバネを介してつながれているために，その弾性力により少し遅れて振動を始める．こうしてそれぞれの小球はバネに垂直な方向に単振動をしながら，隣接した小球同士は少しずつ位相のずれた振動をくり返すことになる．これが横波である．楽器の弦を弾いて振動させたときに生ずる波は横波である．

一方，端の小球をバネと平行な方向に弾いた場合は，それにつながったバネが縮んで隣の小球を押す．これにより隣の小球も運動を始め，振動が次々と伝わっていくことになる．バネの縮みが大きくなれば小球は押し返されて反対向きに運動を始める．こうして各小球は平衡位置のまわりを振動することになり，その振動が遅れを伴って隣の小球に伝わっていく．このときバネに沿った方向に小球が集まった部分（密部）と離れた部分（疎部）が交互に現れる．このことから縦波はしばしば**疎密波**と呼ばれる．後で述べる空気中を伝わる音波は空気の分子の疎密が伝わる縦波である．

3.1.3 重ね合わせの原理と波の干渉

媒質の一点に2つの波が到達したとき，その点の媒質の振動 y はそれぞれの波が単独でやってきたときの振動 y_1, y_2 の和となる（図3.3）．これを**重ね合わせの原理**と呼ぶ．重ね合わせの原理でいくつかの波が足し合わされた波を**合成波**と呼ぶ．3.1.1 では，媒質の振動が単振動で表される正弦波を詳しく議論

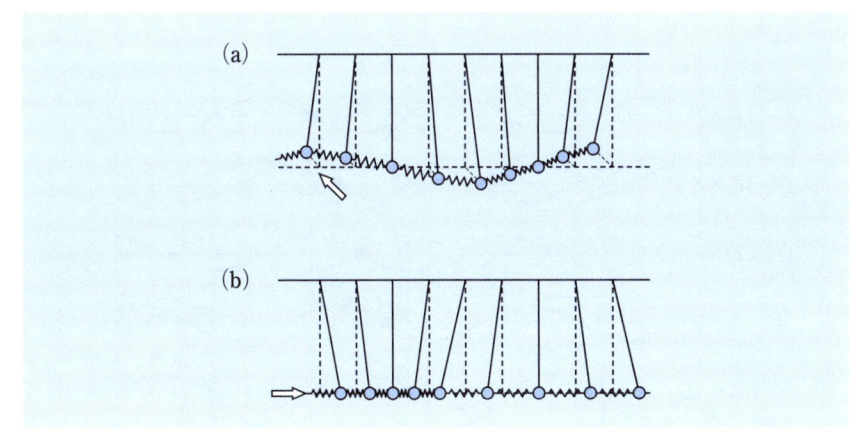

図 3.2 バネでつながれた小球を伝わる横波と縦波

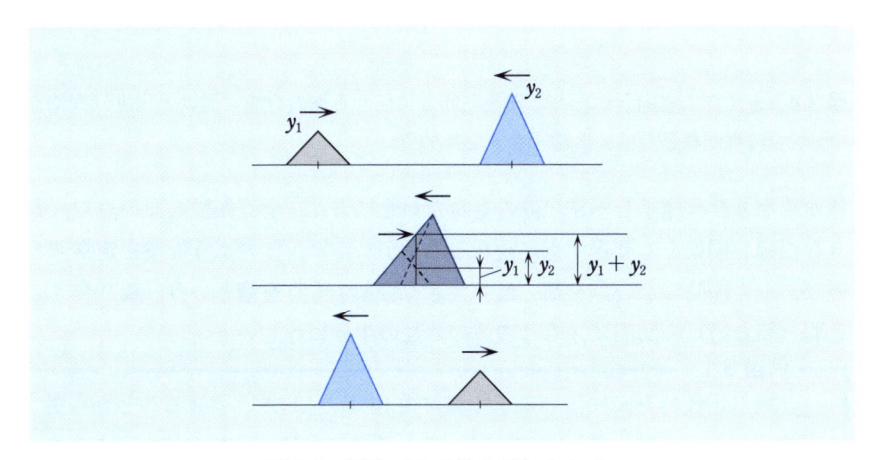

図 3.3 三角パルス波の重ね合わせ

した.一般の波動は必ずしも,ただ1つの角周波数や速さをもった正弦波で表すことはできない.しかしながら重ね合わせの原理が成り立つことにより,一般の波動も様々な正弦波の重ね合わせで表現されていると考えればよいことになる.

2つの波が重なり合ったとき,振動を強め合ったり,弱め合ったりする現象を波の**干渉**という.図 3.4 に,反対の方向に伝わる波長・振幅と速さの等しい

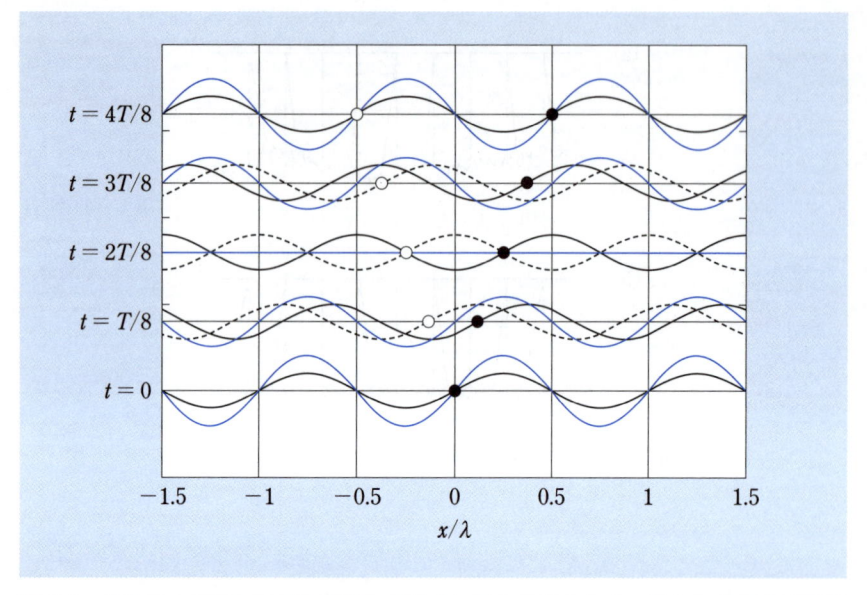

図 3.4 定常波：右向きに伝わる波と左向きに伝わる波の合成．黒丸と白丸は同位相の点が移動している様子を表している．

波が重なり合う様子を示す．波の重ね合わせにより，全く振動しない点や，大きな振幅で振動をくり返す点が現れることがわかる．このような波を**定常波**と呼び，全く振動しない点を**節**，最も大きく振動する点を**腹**という．隣り合う腹と腹（節と節）の間隔は，もとの波の波長の半分に等しい．

例題 3.1

x 軸の正負の方向に伝わる正弦波が式 (3.4)，(3.5) と表せることから隣り合う腹と腹（節と節）の間隔は，もとの波の波長の半分に等しいことを示せ．

【**解答**】 合成波は

$$y = A\sin\omega\left(t - \frac{x}{c}\right) + A\sin\omega\left(t + \frac{x}{c}\right) = 2A\sin\omega t\ \cos\frac{\omega}{c}x$$

と与えられる．ここで，$\cos\frac{\omega}{c}x = 0$ となる点が節，$\cos\frac{\omega}{c}x = \pm 1$ となる点が腹を表す．腹となる点は，n を整数として，

$$\frac{\omega}{c}x = n\pi \;\Rightarrow\; x = \frac{n}{2}\lambda$$

と与えられることから，隣り合う腹と腹の間隔がもとの波の波長の半分に等しいことがわかる．ただし，後の関係を導くのに式 (3.3) を用いた． ■

　定常波を作るために反対方向に進む波を得る簡単な方法は，端を設けて波を反射させることである．波の反射が起きる媒質の端には 2 つの典型的な場合がある．入射波と反射波を足し合わせた振幅が端点で常に 0 になる場合を**固定端**と呼ぶ．図 3.5 に見るように，固定端の場合は入射波を延長した波を端点で符号を変えて折り返したものが反射波となる．その結果，端点での反射により波の位相が半波長分だけずれることになる．一方，入射波と反射波の振幅がいつも等しくなるような場合は**自由端**と呼ばれる．この場合は入射波を延長した波を，端点でそのまま折り返したものが反射波となり，反射による位相のずれはない．

　振動数がわずかに異なる波が重ね合わされると，それらの干渉により波の振幅が大きくなったり，小さくなったりする現象が起きる．これをうなりという．振幅が同じで振動数が f_1, f_2 の正弦波を重ね合わせると，

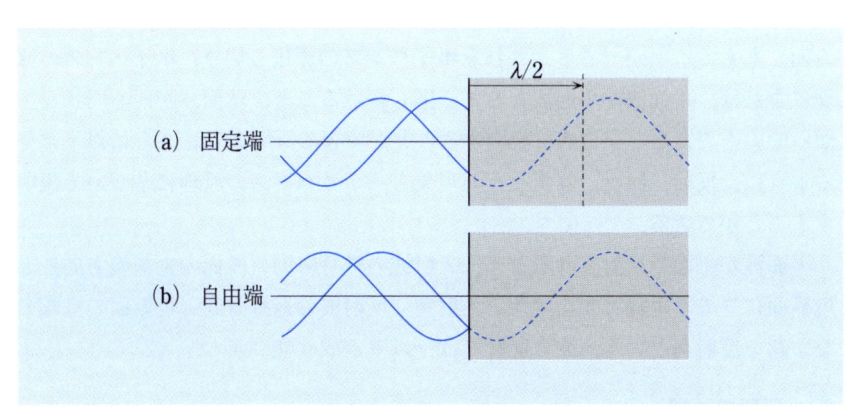

図 3.5 波の反射：固定端では反射波の変位は入射波と符号が反対で絶対値は同じ，したがって反射波は，入射波を半波長分伸ばしたところで折り返した波形となる (a)．一方，自由端では反射波の変位は入射波と同じ，したがって反射波は，入射波を端点でそのまま折り返した波形となる (b)．

$$y = A\sin 2\pi f_1 t + A\sin 2\pi f_2 t = 2A\sin\pi(f_1+f_2)t\ \cos\pi(f_1-f_2)t$$

を得る．ここで $f_1 \approx f_2$ であれば，$\cos\pi(f_1-f_2)t$ は1秒間に f_1-f_2 のゆっくりとした振幅の大小を生むことになる（図 3.6）．したがって，うなりの回数 f は

$$f = |f_1 - f_2|$$

と与えられる．

3.1.4 ホイヘンスの原理

これまでは波の伝わる方向の座標を x として，媒質の振動も x 軸に沿った方向の変化だけを考慮した．ところが実際の波動は2次元の面上（水面波の場合）や3次元空間を伝わる．そこで波の伝播現象は一層複雑となる．波の同位相の点をつないで得られる面を**波面**という．波面が平面状の波を平面波，球面状の波を球面波と呼ぶ．池に投げた石から広がる波紋は，水面（2次元平面）上の球面波と考えることができる．

波の伝播とは波面が広がる現象と見ることができる．ある時刻の波面上には，同じ強さの点状の波の発生源（波源）が存在するとして，そこから二次波が発生すると考える．この二次波は，点状の波源から発生するので，球面波となる．そのとき，次の瞬間に観測される波面はこれらの二次波の波面に共通して接する面と考えることができる．これを**ホイヘンスの原理**という．ホイヘンスの原理によれば，平面波が平面波として伝播し続けること，球面波が同心円状に広がっていくことなどを自然に説明することができる（図 3.7）．さらに以下に見るように，反射，屈折，回折などの現象も，ホイヘンスの原理に基づいて説明することができる．

平面波が平面で反射されるとき，入射波の進行方向（波面の垂線の方向）と境界面に立てた垂線とがなす角を**入射角**，反射波の進行方向と境界面の垂線のなす角を**反射角**という．波の反射では，以下が成り立つ．

反射の法則

入射波と反射波の進行方向と境界面の垂線は同一平面上にあり，入射角と反射角は等しい．

これを**反射の法則**という．反射の法則はホイヘンスの原理によれば，以下のよ

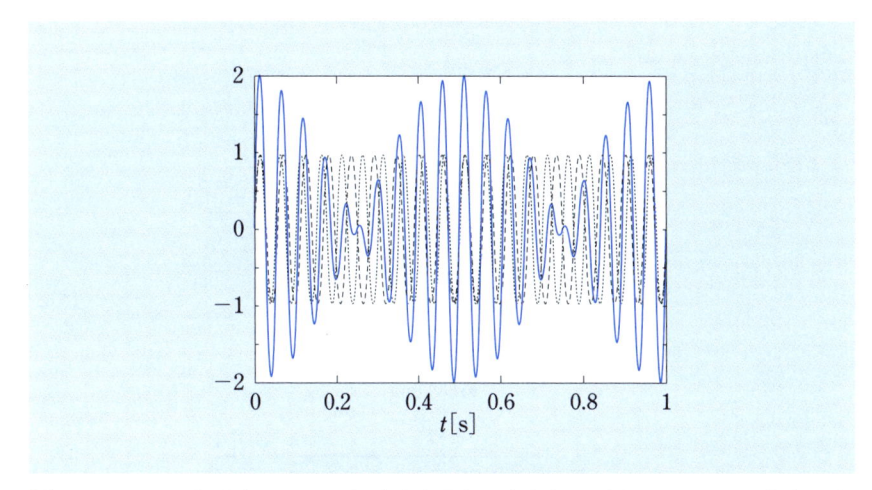

図 3.6 $f_1 = 18\,[\mathrm{Hz}]$ と $f_2 = 20\,[\mathrm{Hz}]$ から生じるうなり：$1\,[\mathrm{s}]$ の間に 2 回の振幅の強弱が生じている

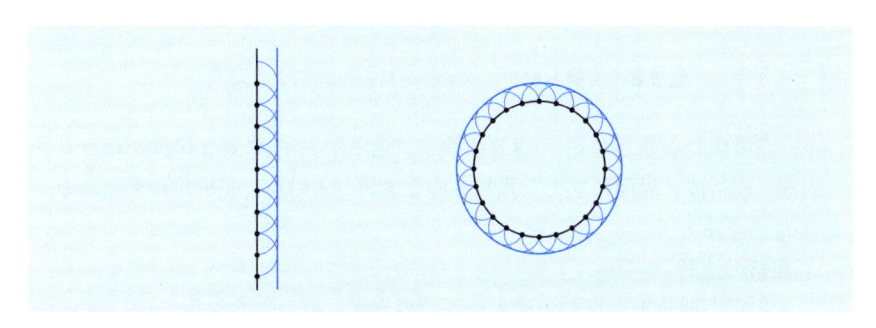

図 3.7 平面波，球面波の波面上の波源から発生した二次波が，新たに平面，あるいは球面状の波面を生む

うに説明される（図 3.8 (a)）．波の速さを c_1，入射波の波面が境界面上の点 A, B$'$ に到達する時刻をそれぞれ $t = 0, \Delta t$ とする．$t = 0$ に点 A から発生した二次波は，時刻 Δt には A を中心とした半径 $c_1 \Delta t$ の球面となる．点 B$'$ からこの球面に引いた接線 B$'$A$'$ が時刻 Δt における波面となる．このとき $\overline{\mathrm{BB}'} = \overline{\mathrm{AA}'} = c_1 \Delta t$ であるから，$\triangle \mathrm{AA}'\mathrm{B}' \equiv \triangle \mathrm{B}'\mathrm{BA}$．したがって，$\angle \mathrm{AB}'\mathrm{A}' = \angle \mathrm{B}'\mathrm{AB}$ となり，入射角と反射角が等しいことが示される．

波の速さが異なる媒質の界面では波の進行方向が変化する．これを波の**屈折**と

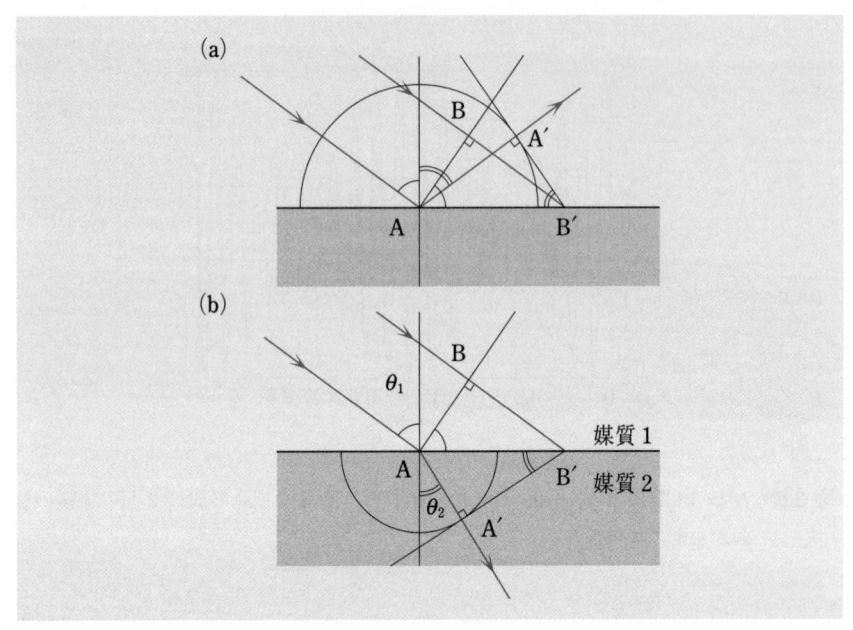

図 3.8 反射と屈折：ホイヘンスの原理による説明.

いう．波の伝わる速さが c_1 の媒質 1 から，速さが c_2 の媒質 2 に波が進むとき，入射波・屈折波と界面に立てた垂線とのなす角（入射角・屈折角）をそれぞれ，θ_1, θ_2 とすると，

屈折の法則

入射波と屈折波の進行方向と境界面の垂線は同一平面にあり，

$$\frac{\sin\theta_1}{\sin\theta_2} = \frac{c_1}{c_2} \tag{3.6}$$

が成り立つ．

これを**屈折の法則**と呼ぶ．ここで，

$$n = \frac{c_1}{c_2}$$

を媒質 1 に対する媒質 2 の**屈折率**（または相対屈折率）と呼ぶ．屈折の法則はホイヘンスの原理を用いて，以下のように説明される（図 3.8(b)）．入射波の

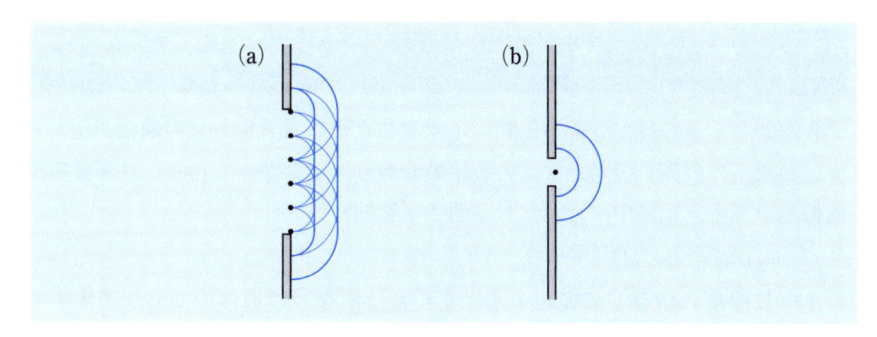

図 3.9 小さな隙間を通過した波の回折

波面が境界面上の点 A, B′ に到達する時刻をそれぞれ $t=0, \Delta t$ とする.$t=0$ に点 A から発生した二次波は,時刻 Δt には A を中心とした半径 $c_2\Delta t$ の球面となる.点 B′ からこの球面に引いた接線 B′A′ が時刻 Δt における波面となる.このとき $\overline{\mathrm{AB'}}\sin\theta_1 = c_1\Delta t$,$\overline{\mathrm{AB'}}\sin\theta_2 = c_2\Delta t$ であるから,これより屈折の法則が導かれる.

　小さな隙間のあいた壁に垂直に平面波が入射した場合,壁の裏側にも波がまわりこむ.このように,波が障害物の影になる部分にまでまわりこむ現象を**回折**と呼ぶ.ホイヘンスの原理によって,隙間の部分に置かれた波源から発生する二次波を調べれば波が回折する様子が理解される(図 3.9).回折は,(a) 隙間の大きさが波の波長に比べて十分に大きいときはあまり目立たない(すなわち影ができる)のに対して,(b) 波長が隙間の大きさと同じ位になると回折が顕著に現れる.

3.2 音　　波

　音が聞こえるのは，音源の振動により生じたが媒質（空気）の疎密が伝わって，私たちの鼓膜を振動させている結果である．したがって音波とは媒質の縦波振動である．空気中を音が伝わる速さ（音速）は

$$c \,[\text{m/s}] = 331.5 + 0.6\, t\,[°\text{C}]$$

のように温度に依存して変化する．また音は水などの液体中でも，固体中でも伝わる．音が伝わる速さは，疎密（原子の密度の濃淡）が生じた場合にそれをもとに戻そうとする復元力によって決まる．その結果，液体中では1000〜1500 [m/s]，固体中では4000〜5000 [m/s] 程度となる．

　私たちが耳で聞くことのできる音の振動数は 20〜2000 [Hz] といわれており，音速を 340 [m/s] と置けば，波長は 17 [m]〜1.7 [cm] の範囲にある．この長さは私たちの身の回りの構造物と同程度の大きさであり，そのために音波では回折現象が顕著になる．物陰にいる人の話し声が聞こえるというのは音波の回折現象である．逆に 2000 [Hz] 以上の振動数の高い音波（超音波）は波長が短いため，回折が起こりにくく，指向性（直進性）がよい．さらに超音波は，水などの分子に吸収されにくいために，魚群探知機や私たちの体の中の臓器を見る超音波エコーの装置などに利用されている．

　私たちが聞く音には高さや大きさがある．また同じ高さの音でも，楽器によってその音色が異なる．これら，「音の高さ，大きさ，音色」を**音の 3 要素**と呼び，波動現象として，以下のように理解されている．音の高さは振動数により決まり，振動数の大きな音ほど高く聞こえる．オーケストラのチューニング（音合わせ）に用いられる「ラ」の音の振動数は 440 [Hz] である．また振動数が 2 倍の音は 1 オクターブ高い音と聞こえる．次に音の大きさは，波の振幅で決まる．弦を強く弾けば大きな音がでるのは，大きな弦の振幅がより大きな空気の疎密を作りだしていることによる．最後に音色は，振動の波形によって決まる．楽器によって異なる様々な音の波形は，基本となる振動数の整数倍の正弦波をいくつも重ね合わせて作られている．こうした重ね合わせを電子回路によって行なっているものが電子楽器（シンセサイザー）である．

3.2.1 発音体の振動と共鳴

両端を固定した弦をはじくと，弦は振動し，音を発する．弦の両端は固定されているので，弦の振動の振幅はいつも 0 となり，固定端での波の反射が起こる．弦の両端で反射した波は図 3.10 のような定常波を生じる．弦の長さを l とすれば，l は定常波の半波長の整数倍となっているので，定常波の波長 λ は

$$\lambda = \frac{2l}{n} \quad (n = 1, 2, 3, \cdots)$$

と与えられる．弦を伝わる波の速さ c は，弦の張力 T と弦 $1\,[\mathrm{m}]$ 当たりの質量（線密度）$\rho\,[\mathrm{kg/m}]$ により，

$$c = \sqrt{\frac{T}{\rho}}$$

と与えられることが知られている．これより弦の振動数 f として，

$$f = \frac{c}{\lambda} = \frac{1}{2l}\sqrt{\frac{T}{\rho}} \times n \tag{3.7}$$

を得る．この振動が空気の疎密を生じて，私たちの耳には音として感じられる．以上のことより，弦を弾いたときの音の高さは，弦の長さや張力，太さ（線密度）により決まるといえる．このようなその弦に特有の振動を弦の**固有振動**と呼び，その振動数を**固有振動数**という．式 (3.7) で $n = 1, 2, 3, \cdots$ の場合をそ

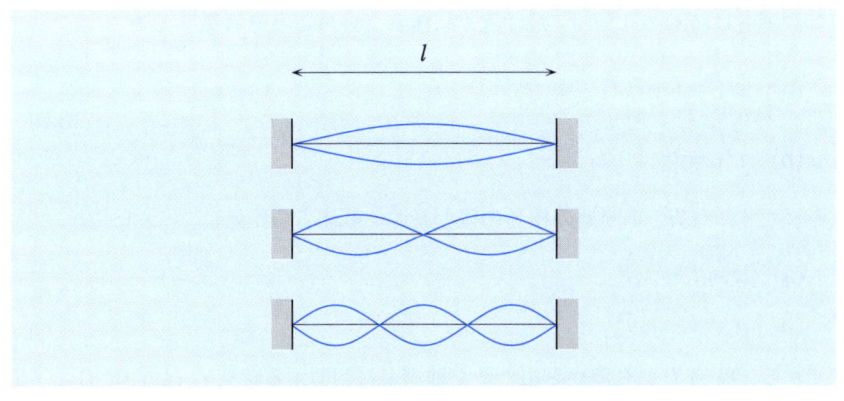

図 3.10 両端を固定した弦の振動

れぞれ,基本振動,2倍振動,3倍振動,… と呼ぶ.このように弦の振動は基本振動の固有振動数の整数倍の振動が起こり,その重ね合わせにより弦楽器特有の音色を生むことになる.

弦の例で見るように,振動体にはその振動体に固有の振動数がある.同じ固有振動数をもつ振動体を2個用意して,一方を振動させると,他方もそれにつられて振動を始めるという現象がある.実際に,振動数の等しい音さの共鳴箱の口を向かい合わせにおいて,一方の音さを鳴らすと,他方の音さも振動を始めることを確かめることができる.この現象を**共鳴**または**共振**と呼ぶ.実際の弦楽器では,弦の固有振動に胴の部分が共鳴し,増幅されて,音が聞こえている.

3.2.2 ドップラー効果

救急車が接近してくるときにサイレンの音が変化して聞こえることをしばしば経験する.これは音源と観測者が一定の速さで動いていることの結果として理解される.これを**ドップラー効果**という.

静止した音源("source"を意味する添字 s を用いる)に対して観測者("observer"を意味する添字 o を用いる)が,一定の速度 v_o で運動している場合 (a) と,静止した観測者に対して音源が,一定の速度 v_s で運動している場合 (b) を考える.音源の波の周期を $T = 2\pi/\omega_\mathrm{s}$,音速を c,時刻 $t = 0$ における音源と観測者の距離を l とする.また速度の方向は音源から観測者に向かう方向を正にとる(図 3.11).

時刻 $t = 0$ に音源から出た波が,観測者に到着する時刻 t_1 は,(A) の場合には観測者は時刻 t_1 に $v_\mathrm{o} t_1$ だけ遠くに離れていることを考慮すると

$$\text{(a)} \quad ct_1 = l + v_\mathrm{o} t_1 \ \Rightarrow \ t_1 = \frac{l}{c - v_\mathrm{o}}$$
$$\text{(b)} \quad ct_1 = l \ \Rightarrow \ t_1 = \frac{l}{c} \tag{3.8}$$

を満たす.一方,1周期の振動の後の音源と観測者の距離は

$$\text{(a)} \quad x = l + v_\mathrm{o} T$$
$$\text{(b)} \quad x = l - v_\mathrm{s} T \tag{3.9}$$

である.時刻 T に音源から出た波が観測者に到着する時刻 t_2 は式 (3.8) で l を式 (3.9) の x に置き換えて,

3.2 音　波

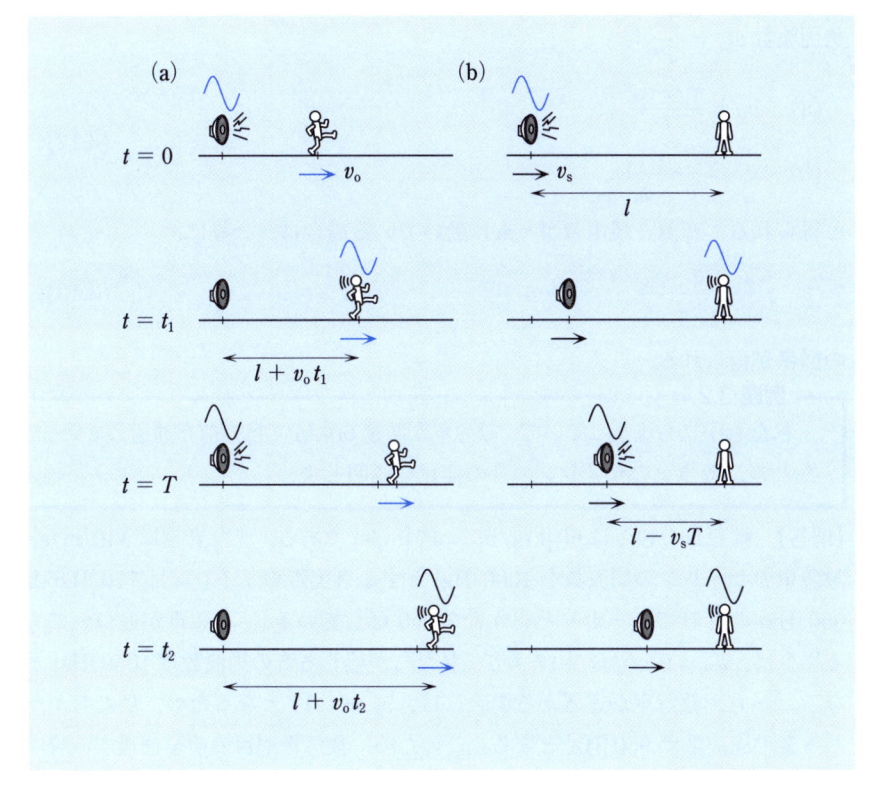

図 3.11 ドップラー効果：時刻 $t=0$ に発せられた 1 周期目の音（振動）を観測者が観測する時刻が $t=t_1$。時刻 $t=T$ には 2 周期目の音が発せられて，これが観測者に到達する時刻が $t=t_2$ としている．

(a) $\quad t_2 = T + \dfrac{l + v_\text{o} T}{c - v_\text{o}}$

(b) $\quad t_2 = T + \dfrac{l - v_\text{s} T}{c}$
(3.10)

したがって，観測者が感じる周期 $T' = t_2 - t_1$ は

(a) $\quad T' = \dfrac{c}{c - v_\text{o}} T$

(b) $\quad T' = \dfrac{c - v_\text{s}}{c} T$
(3.11)

角周波数 $\omega_\mathrm{o} = \dfrac{2\pi}{T'}$ は

(a) $\quad \omega_\mathrm{o} = \dfrac{c - v_\mathrm{o}}{c} \omega_\mathrm{s}$

(b) $\quad \omega_\mathrm{o} = \dfrac{c}{c - v_\mathrm{s}} \omega_\mathrm{s}$
(3.12)

と得られる．音源と観測者がともに動いている場合は，一般に，

$$\frac{\omega_\mathrm{o}}{\omega_\mathrm{s}} = \frac{c - v_\mathrm{o}}{c - v_\mathrm{s}} \tag{3.13}$$

の関係が得られる．

例題 3.2

私たちが立ち止まっていて，救急車が時速 60km で目の前を通過していったとき，救急車のサイレンの音の変化を説明せよ．

【解答】 救急車の速さは $60\,[\mathrm{km/h}] = 17\,[\mathrm{m/s}]$ である．また音速は $340\,[\mathrm{m/s}]$，救急車のサイレンの周波数を $1000\,[\mathrm{Hz}]$ とする（実際のサイレンは $770\,[\mathrm{Hz}]$ と $960\,[\mathrm{Hz}]$ の 2 音でピーポーという音を作りだしている）．救急車が近づいてくる場合は，$v_\mathrm{o} = 0$, $v_\mathrm{s} = +17$ より，私たちが感じる音の周波数は $1050\,[\mathrm{Hz}]$ となる．一方，救急車が遠ざかる場合には，$v_\mathrm{s} = -17$ となるため，私たちが感じる音の周波数は $950\,[\mathrm{Hz}]$ となる．このため，救急車が目の前を通過する瞬間に急にサイレンの音が低くなると感じるのである． ∎

ドップラー効果は音波に限った現象ではない．十分に精度の高い測定をするならば，後で述べる電波や光を使って観測することも可能である．運動する物体の速さを測るスピードガンでは，電波によるドップラー効果を利用している．運動物体は，スピードガンから発せられた波を静止した波源から発せられた波として受けて，それを反射する．スピードガンは，その反射波を運動する波源から発せられた波として受け取る．スピードガンが受けた反射波の振動数は，はじめにスピードガンから発せられた波の振動数に比べると，ドップラー効果により運動物体の速さに依存した変化を受けている．そこでこれらの波の干渉により生ずるうなりの回数を測ることにより，物体の速さを測定することができる．

3.3 光　　波

　太陽の光はほとんどすべての生物のエネルギーの源となっている．また私たちがものを見るという行為だけでなく，光は様々な通信の手段として，新しい技術の担い手ともなっている．光は無線通信やテレビの放送に利用されている電波と同じ種類の波で，総称して**電磁波**と呼ばれる．電磁波は宇宙空間のように媒質のない空間（真空）でも伝わる．真空中の電磁波は波の進行方向と垂直な方向に電場と磁場の振動を伴った横波で，

$$c = 2.998 \times 10^8 \quad [\mathrm{m/s}]$$

の速さで伝わる．空気中を電磁波が伝わる速さは，真空中の速さとほぼ同じと考えて差し支えない．

3.3.1 電磁波の発生

　コイルとコンデンサーで作られた回路には，コイルの自己インダクタンスとコンデンサーの容量で決まる固有周波数の交流電流が生ずる．このときコンデンサーの極板上の電荷 q と交流電流 i との間には

$$i = \frac{dq}{dt}$$

の関係が成り立つ．一方，式 (2.9) により，極板間の電束密度 D と極板上の電荷 q の間には

$$q = DS$$

の関係が成り立つ．ここで，S はコンデンサーの極板の面積である．コンデンサーの極板間から外に電場のもれはないとすれば，DS はコンデンサーの一方の極板から出て，他方の極板に至る電気力線（電束）の総数を表す．これより回路を流れる電流 i は，

$$i = S \frac{dD}{dt}$$

と与えられ，コンデンサーの極板間をつなぐ電束の数の時間変化に等しいことがわかる．電流がその周りに磁場を生ずることから，マクスウェルは電束の時間変化が電流と同じ働きをして，磁場を生ずると仮定した（図 3.12）．これは

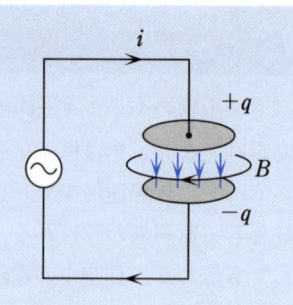

図 3.12 回路を流れる電流がコンデンサー極板間をつなぐ電束の数の時間変化を生み，これが回りに磁場を生ずる．

「磁束の変化が起電力（回路に沿った電場の総和）を生ずる」という電磁誘導の法則の電場と磁場の役割を交換したものになっている．

　上の考えに従えば，振動電流は振動する電磁場を生ずることになる．図 3.13 のように交流電源につながれたアンテナを考える．交流電源によりアンテナには振動電流 i が流れると，アンテナの周りには同心円状に磁場が生じる．電流の変化に伴って磁場が変化するため，その周りには電場が生じる．さらにその電場が時間とともに変化すれば，その変化が新たに磁場を生ずることになる．こうして電場と磁場の変化が互いに他方をつくり，空間全体に広がっていく波動を生む．これを**電磁波**と呼ぶ．

　電磁波には以下のような性質がある．

電磁波の性質

(1) 電磁波は進行方向に垂直な面内で振動する電磁場を伴った横波である．
- 電場，磁場を方向まで含めてベクトル $\vec{E}$, $\vec{H}$ で表すと，電磁波の進行方向は $\vec{E} \times \vec{H}$（ベクトルの外積）の方向となる．

(2) 電場と磁場の振動は同位相で，その方向は互いに垂直である．
- 電磁波の進行方向を z 軸と定めたとき，電場の成分が x 軸方向または y 軸方向を向いた 2 通りの**偏光状態**が考えられる．

(3) 真空中を電磁波が伝わる速さは，波長・振動数によらず一定で
$$c = \frac{1}{\sqrt{\epsilon_0 \mu_0}} = 2.998 \times 10^8 \quad [\mathrm{m/s}]$$
と与えられる．ここで ϵ_0, μ_0 はそれぞれ真空誘電率，真空透磁率を表す．

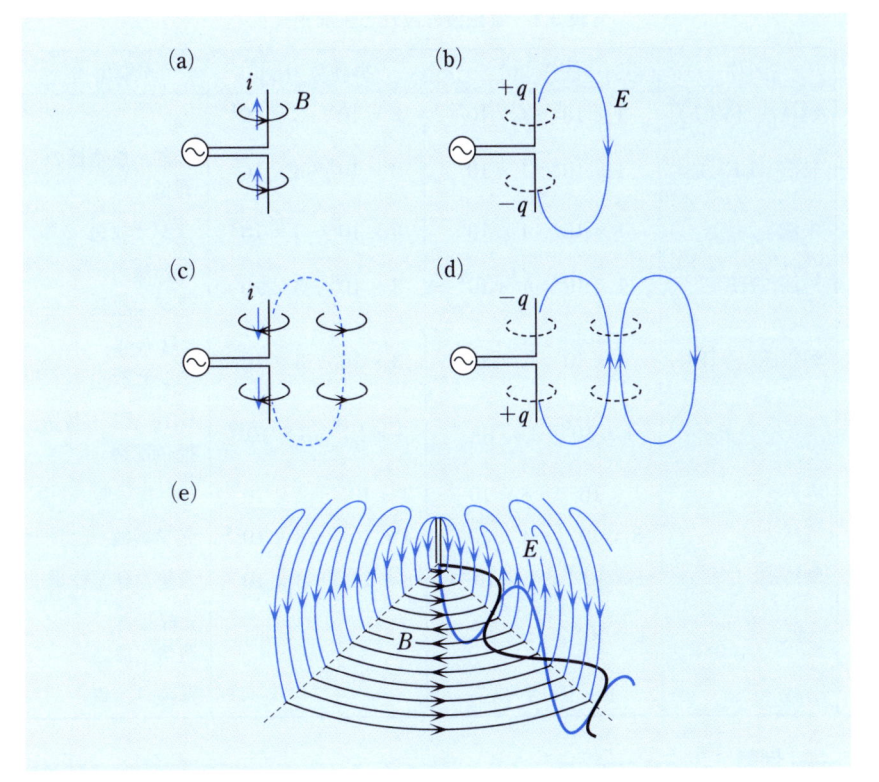

図 3.13 振動電流が電磁波を発生する．直線上の導線（アンテナ）を流れる振動電流が，回りに磁場を生ずる (a)．磁場の変化は磁束を囲む閉経路に沿った電場（起電力）を生む (b)．この電場はアンテナの端にたまった電荷がつくる電場と考えてもよい．次に，向きが反対になった振動電流が磁場を生じると同時に，(b) の過程で生じた電場の変化（電束の数の変化）が，さらに周りに磁場を生じる (c)．(e) は直線上のアンテナから発生する電磁波の様子を表している（「物理 II」（第一学習社，平成 12 年度教科書）より）．

電磁波は波長・振動数により様々な名前が付けられており，異る用途に利用されている．表 3.1 にその分類を示す．私たちの目に見える電磁波（光）を**可視光**と呼び，その波長は $4 \times 10^{-7} \sim 8 \times 10^{-7}$ [m] である．

表 3.1 電磁波の波長と主な用途

名称	波長 [m]	振動数 [Hz]	主な用途
超長波（VLF）	$1 \times 10^5 \sim 1 \times 10^4$	$3 \times 10^3 \sim 3 \times 10^4$	
長波（LF）	$1 \times 10^4 \sim 1 \times 10^3$	$3 \times 10^4 \sim 3 \times 10^5$	船舶・航空機の通信
中波（MF）	$1 \times 10^3 \sim 1 \times 10^2$	$3 \times 10^5 \sim 3 \times 10^6$	ラジオ放送
短波（HF）	$1 \times 10^2 \sim 1 \times 10^1$	$3 \times 10^6 \sim 3 \times 10^7$	遠距離のラジオ放送
超短波（VHF）	$1 \times 10^1 \sim 1 \times 10^0$	$3 \times 10^7 \sim 3 \times 10^8$	FM放送, テレビ放送
マイクロ波	$1 \times 10^0 \sim 1 \times 10^{-4}$	$3 \times 10^8 \sim 3 \times 10^{12}$	UHFテレビ放送, 携帯電話
赤外線	$1 \times 10^{-4} \sim 8 \times 10^{-7}$	$3 \times 10^{12} \sim 4 \times 10^{14}$	赤外線写真, 暖房
可視光	$8 \times 10^{-7} \sim 4 \times 10^{-7}$	$4 \times 10^{14} \sim 8 \times 10^{14}$	光学機械
紫外線	$4 \times 10^{-7} \sim 1 \times 10^{-10}$	$8 \times 10^{14} \sim 3 \times 10^{18}$	殺菌, 化学作用
x線	$1 \times 10^{-9} \sim 1 \times 10^{-12}$		x線写真, 医療（診断）
γ線	1×10^{-11} 以下		医療（治療）

例題 3.3

真空誘電率 (2.3) と真空透磁率 (2.24) の値を使って，真空中の光速度 $c = 2.998 \times 10^8$ の値が得られることを確かめよ．

【解答】 実際に数値を代入すればよい．マクスウェルは「電束密度の時間変化が電流と同様に，磁場を発生する」という仮説とともに，クーロンの法則などの電磁場の基礎方程式から，$c = 1/\sqrt{\epsilon_0 \mu_0}$ の速さで伝わる波の存在を予言したのである．∎

3.3.2 幾何光学

光は空気や水などの一様な媒質の中では直進する．一方，空気と水などの異る媒質の界面では反射・屈折が起きる．反射，屈折は 3.1.4 で述べた反射・屈折の法則に従う．媒質 1 の中を光が伝わる速さを c_1，真空中の光の速さを c と書いたとき，

3.3 光　波

$$n_1 = \frac{c}{c_1} \tag{3.14}$$

を媒質1の**絶対屈折率**と呼ぶ．媒質1の誘電率 ϵ と透磁率 μ を用いると，媒質1の中を光が伝わる速さ c_1 は

$$c_1 = \frac{1}{\sqrt{\epsilon\mu}}$$

と与えられることより，絶対屈折率は

$$n_1 = \sqrt{\frac{\epsilon}{\epsilon_0}\frac{\mu}{\mu_0}}$$

と表すこともできる．物質中での光の速さは，真空中の速さを越えることはないので，絶対屈折率は必ず1よりも大きい．式(3.2)の関係で光波の振動の周期 T（したがって周波数）は決まっていると考えると，媒質1の中で光の波長 λ_1 は，

$$\lambda_1 = c_1 T = \frac{c}{n_1} T = \frac{\lambda}{n_1}$$

より真空中の波長に比べて $1/n_1$ 倍になっていると考えることができる．表3.2に代表的な物質の屈折率の値を示す．

表 **3.2**　物質の屈折率

物質	屈折率
水	1.33
石英ガラス	1.46
ダイヤモンド	2.42

　絶対屈折率が n_1 の媒質1から，絶対屈折率が n_2 の媒質2に光が進むときの入射角・屈折角を θ_1, θ_2 とすれば，屈折の法則

$$\frac{\sin\theta_1}{\sin\theta_2} = \frac{n_2}{n_1} \equiv n_{21}$$

が成り立つ．ここで n_{21} を媒質1に対する媒質2の相対屈折率と呼ぶ．

　$n_1 > n_2$ の場合（例えば水中から空気中へ光が進む場合）は，入射角 θ_1 が

$$\sin\theta_1 = \frac{n_2}{n_1} < 1$$

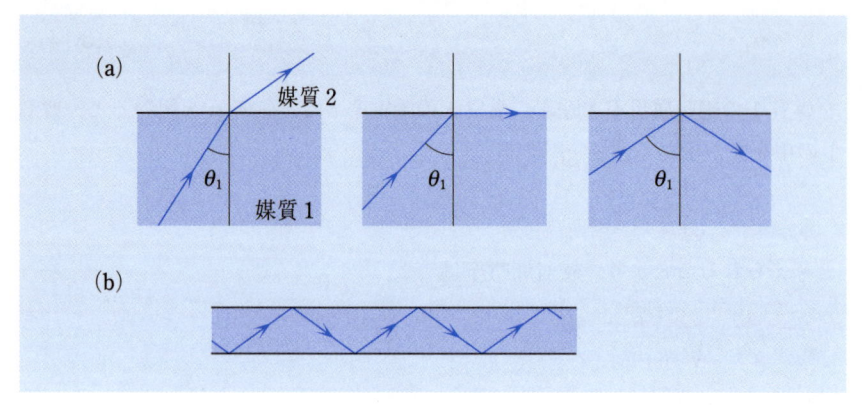

図3.14 (a) 臨界角と全反射 (b) 全反射を利用した光導波路

の関係を満たすときには，屈折角 θ_2 は $90°$ となり，屈折した光が媒質1と媒質2の界面に沿って進む（図3.14）．この角度を**臨界角**と呼ぶ．入射角が臨界角より大きくなると，界面に入射した波は界面で反射されて媒質1の中を進む．この現象を**全反射**と呼ぶ．全反射を利用すれば，光を高屈折率の媒質の中に閉じ込めて，光を任意の方向に導くことができる．これを光導波路と呼ぶ．

--- 例題 3.4 ---
表3.2にあげた物質から空気中（屈折率1）へ光が進むときの臨界角を求めよ．

【解答】 $n_2 = 1$ とおいて，例えば，水の場合は，

$$\sin\theta = \frac{1}{1.33}$$

より，約72度と求まる．石英ガラスとダイヤモンドについては，それぞれ43度と24度となる．　■

両面または片面が球面である透明物質を使って，光を集めたり，あるいは逆に広げたりすることができる．このような目的で作られた機器を**レンズ**と呼ぶ．レンズには中心部分の厚さが周辺部分に比べて厚い凸型形状の凸レンズと，中心部分が薄い凹レンズがある．凸レンズは光を集める作用を，凹レンズは光を広げる作用をもつ．レンズの球面の中心を結ぶ直線をレンズの**光軸**と呼ぶ．

レンズに入射した光は球面状の界面で屈折して進む．この様子は薄いレンズ

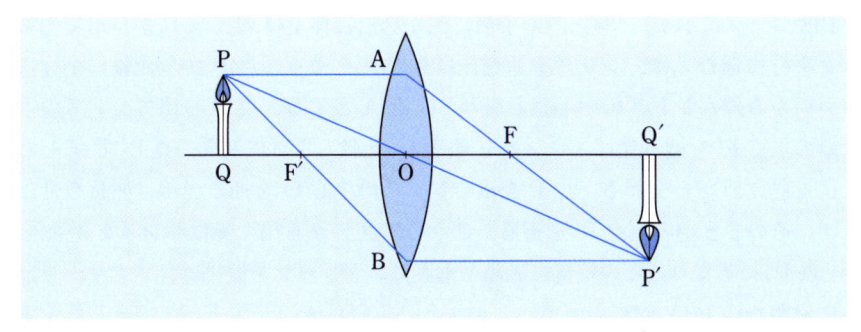

図 3.15 凸レンズによる光の進路の変化と結像：物体と凸レンズの距離が焦点距離よりも長い場合．

の光軸近くを通る光に対しては，次のようにまとめることができる．凸レンズの場合は，

(1) レンズの軸（光軸）に平行な光線が入射すると，レンズを通過後それらの光線は光軸上の1点を通る．この点をレンズの**焦点**と呼び，レンズの中心と焦点との距離を**焦点距離**という．
(2) 焦点はレンズの両側にあり，レンズの手前にある焦点を通過した光は，レンズを通過した後は光軸に平行に進む．
(3) レンズの中心を通過する光線は，レンズを通過した後にその方向を変えない．

一方，凹レンズの場合は，

(1) 光軸に平行な光線が入射すると，レンズを通過後，それらの光線はレンズの手前の光軸上の1点から広がっていく方向に進む．この点を凹レンズの焦点と呼ぶ．
(2) 凹レンズの後方にある焦点に向かう光線は，凹レンズを通過後はレンズの光軸に平行に進む．
(3) レンズの中心を通過する光線は，レンズを通過した後にその方向を変えない．

上の性質を利用して，レンズによる光の進路の変化を作図で調べることができる[1]．図 3.15 に，凸レンズの場合の光の進み方を示す（凹レンズの場合は

[1) 光はレンズの表面で屈折するが，作図の際には，光はレンズの中心を通る光軸に垂直な面上の点（レンズの中心線上の点）で曲るように描くことにする．

138 ページに示す).レンズの手前に置かれた物体 PQ の先端 P から出て光軸と平行に進む光は,レンズを通過後は焦点 F を通る.点 P から光軸に平行に引いた直線がレンズの中心線と交わる点を A とする.点 P を出てレンズの手前の焦点 F′ を通る光は,レンズを通過後,光軸と平行に進み,点 P′ で点 A と F を結ぶ直線と交わる.点 P を出てレンズの中心 O を通る光線は屈折を受けずにそのまま進み,点 P′ を通る.こうして点 P から出た光はレンズを通過後,1 点 P′ に集まり,この位置に光軸と垂直にスクリーンを置けば,スクリーン上に鮮明な像 P′Q′ が得られる.このように実際に光線が集まってできる像を**実像**と呼ぶ.また光源の物体に対して像がさかさまになっている場合,これを**倒立**と呼ぶ.

図 3.15 で,△PQO と △P′Q′O は相似であるから,$\overline{PQ} : \overline{P'Q'} = \overline{QO} : \overline{Q'O}$ である.また △AOF と △P′Q′F も相似であるから,$\overline{AO} : \overline{P'Q'} = \overline{OF} : \overline{Q'F}$ である.さらに直線 PA は光軸に平行であるから,$\overline{PQ} = \overline{AO}$ である.そこでレンズと光源の物体の間の距離 $\overline{QO}$ を a,レンズと像との距離 $\overline{Q'O}$ を b,焦点距離 $\overline{OF}$ を f と書くと,

$$\overline{PQ} : \overline{P'Q'} = a : b = f : b - f$$

を得る.これより,$a(b - f) = bf$,さらにこれを変形して,

$$\frac{1}{a} + \frac{1}{b} = \frac{1}{f} \tag{3.15}$$

を得る.これを**レンズの式**と呼び,この式が物体の位置とレンズにより結像した像の位置の関係を与える.また $\overline{P'Q'}/\overline{PQ}$ は像がもとの物体の何倍の大きさになっているかというレンズの**倍率**を表す.倍率は,後で見るように,a, b に正負を考慮する場合があるので,絶対値を付けて,

$$m = \left| \frac{b}{a} \right|$$

と定義する.

───── **例題 3.5** ─────
光源の物体が凸レンズと焦点の間にある場合について,光の進み方を作図せよ.

【解答】 図 3.16 のようになる.光源の点 P を出て光軸と平行に進んだ光線 PA

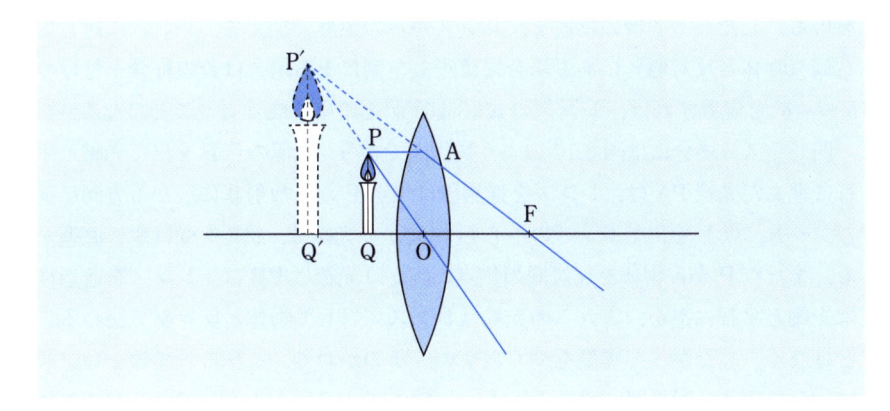

図 3.16 凸レンズによる光の進路の変化と結像：物体と凸レンズの距離が焦点距離よりも短い場合

は，レンズを通過後は焦点 F に向かって進む．一方，点 P を出てレンズの中心 O に向かう光線は，屈折を受けずに直進する．■

　光源の物体が凸レンズと焦点の間にある場合，直線 AF と直線 PO はそれらを延長してもレンズに対して物体の反対側で交わることはなく，したがって像を作らない．ところがこれらの直線をレンズに対して物体と同じ方向に延長すると，点 P′ で交差する．このとき，レンズに対して物体と反対側から見ると，光はあたかも点 P′ から発せられたものと観測される．このように光が実際に集まることではなく，レンズに対して物体と同じ側に観測される像を，**虚像**と呼ぶ．虚像の向きは物体の向きと同じであるので，このような像を**正立の像**という．この場合に虚像の大きさは物体の大きさに比べて大きくなり，物体を拡大して見ることができる．これが虫めがねの原理である．

　凸レンズによる虚像とレンズの光軸に沿った距離 $\overline{Q'O}$ を b' と置くと，像の位置と物体の位置の関係は，△PQO と △P′Q′O，および △AOF と △P′Q′F の相似の関係から，

$$\overline{PQ} : \overline{P'Q'} = a : b' = f : b' + f$$

したがって

$$\frac{1}{a} - \frac{1}{b'} = \frac{1}{f}$$

を得る．したがって像の位置を，レンズからの距離に加えて，レンズに対して右側（物体と反対側）にある場合には正，左側にある場合は負の符合を付けて $b = -b'$ と定義すれば，レンズの式 (3.15) がそのまま成り立つことになる．

凹レンズの場合には図 3.17 のように作図できる．光源の点 P を出て光軸と平行に進んだ光線 PA は，レンズを通過後は焦点 F から放射状に広がる方向に進む．一方，点 P を出てレンズの中心 O に向かう光線は，屈折を受けずに直進する．また点 P から物体と反対側の焦点に向かう光線は PB は，レンズを通過後は光軸と平行に進む．これらの光線はレンズに対して物体と反対側で交わることはなく，したがって実像をつくらない．そのかわり，これらの光線をレンズに対して物体と同じ側に延長すれば，点 P′ で交わる．したがって凸レンズで物体を焦点よりレンズの近くに置いた場合と同様に，正立の虚像を得る．虚像と物体の位置の関係は，凹レンズの焦点距離を f' と書くと，△PQO と △P′Q′O，および △AOF と △P′Q′F の相似の関係から，

$$\overline{PQ} : \overline{P'Q'} = a : b' = f' : f' - b' \Rightarrow \frac{1}{a} - \frac{1}{b'} = -\frac{1}{f'}$$

を得る．虚像の位置を符合まで考慮して $b = -b'$ と置いたことと同様に，焦点距離を凹レンズの場合は負の値として $f = -f'$ と置けば，この場合もレンズの式 (3.15) がそのまま成り立つことがわかる．

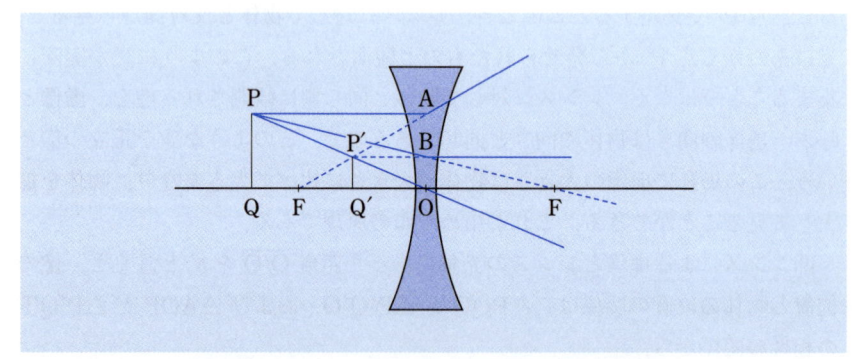

図 3.17 凹レンズによる光の進路の変化と結像

3.3.3 波動光学

光は一様な媒質中を直進する．そのため光を遮る物体があれば，そこには影ができる．これは光（可視光）の波長が 10^{-7} [m] 程度と，私たちの身の回り

3.3 光　波

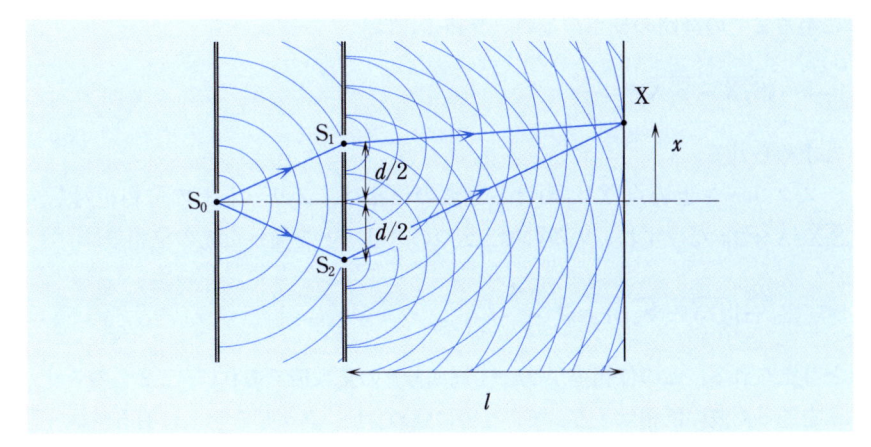

図 3.18　2つのスリットを通過した光の干渉（ヤングの干渉実験）

の構造物に比べてはるかに短いためである．しかしながら注意深い観察をすれば，光がもつ波としての性質，すなわち回折や干渉を見ることができる．

　光源から出た決まった波長 λ の光（単色光）をスリット S_0 を通す．さらに S_0 から等距離の場所にあるスリット S_1, S_2 を通った光はその背後にあるスクリーン上に明暗の縞をつくる．これはスリット S_1, S_2 を通った光の干渉による干渉縞である．図 3.18 に示すように，スリット S_1, S_2 の間隔を d，スリットからスクリーンまでの距離を l とする．スリット S_1, S_2 は，最初のスリット S_0 から等距離にあるので，ここでの波の位相は等しいと考えてよい．それぞれのスリットからスクリーン上の点 X までの距離は，

$$\overline{S_iX} = \sqrt{l^2 + \left(x \pm \frac{d}{2}\right)^2} \approx l\left[1 + \frac{1}{2}\left(\frac{x \pm d/2}{l}\right)^2\right]$$

と表される．ここで $i = 1, 2$ に対して，$\pm$ は正，負の符号をとるものとする．また l は，スリットの間隔 d やスクリーン上の距離 x に比べて十分大きいものとして，δ が十分に小さいときに成り立つ近似式

$$\sqrt{1+\delta} = (1+\delta)^{1/2} \approx 1 + \frac{1}{2}\delta$$

を用いた．したがって，スリット S_1, S_2 を通過した波がスクリーン上の点 X

に至るまでの経路の長さの違い（光路差）は

$$|\overline{S_1X} - \overline{S_2X}| = \frac{xd}{l}$$

と求められる．

スクリーン上の点 X における光波の位相は，スリット上の位相に対して $\overline{S_1X}/\lambda \times 2\pi$ だけずれているので，2 つのスリットを通った光の位相差は

$$\frac{2\pi}{\lambda}|\overline{S_1X} - \overline{S_2X}| = 2\pi \frac{xd}{\lambda l}$$

と与えられる．この位相差が 2π（1 周期分）の整数倍であれば[2]，2 つのスリットを通った波の位相はそろって，互いに強め合い，スクリーン上に明るい線（明線）を生じる．一方，位相差が 2π の半奇数（整数+1/2）倍である場合は，光波の位相が半周期分ずれて，干渉により波は消失し，スクリーン上には暗い部分（暗線）を生じる．したがって，隣り合う明線（暗線）の間隔は

$$\Delta x = \frac{\lambda l}{d} \tag{3.16}$$

となり，明線の間隔とスリットの間隔，スリットとスクリーンの距離から光の波長を求めることができる．これは 18～19 世紀イギリスの科学者ヤングが光が波であること証明するために行なった実験の 1 つである．

光が屈折率の異る界面で反射されるときに，波の位相が変化する場合がある．光が屈折率の大きな媒質の中を伝わって，屈折率の小さな媒質との界面で反射される場合は，自由端での波の反射のように，位相の変化はない．一方，光が屈折率の小さな媒質の中を伝わって，屈折率の大きな媒質との界面で反射される場合には，固定端での波の反射のように，位相が半波長分ずれる．このことは，光を波として取扱うときは重要である．

3.3.4 光の分散・偏光・散乱

媒質の（絶対）屈折率は媒質中を光が伝わる速さをもって式 (3.14) のように定義された．ところが，実際の物質では屈折率は光の波長によって変化する．い

---

[2] この条件は「光が伝わる経路の長さの違い（光路差）$|\overline{S_1X} - \overline{S_2X}|$ が波長の整数倍」と表現してもよい．

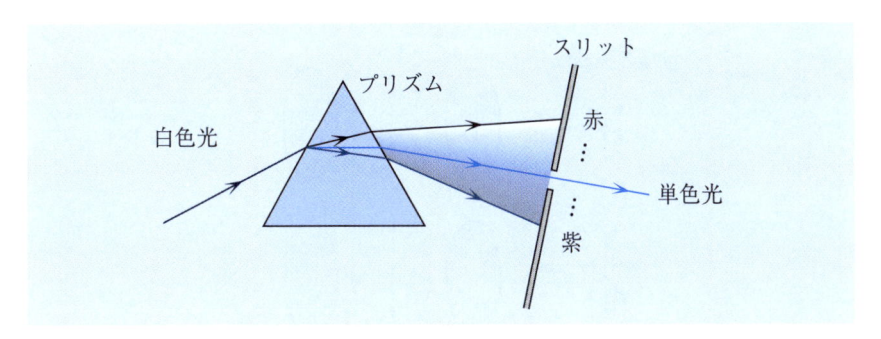

図 3.19 光の分散：プリズムによる分光

ろいろな波長の可視光が混ざった光（白色光という）をプリズムに入射させると，背後のスクリーンに赤から紫まで色が連続的に変化する虹のような模様を見ることができる（図 3.19）．これは赤，橙，黄，… といった波長の異なる光に対して，プリズムをつくっている媒質（ガラス）の屈折率が少しずつ異なっているため，光が曲げられる角度が異なった結果である．このように光の波長により屈折率が変化することを**光の分散**という．光の分散は媒質中の光の伝わり方を決定することになるため，光学デバイスなどの応用には大変に重要である．また一般に，光はいろいろな波長の波の重ね合わせであり，光がもつ波長成分の分布をその光の**スペクトル**，また光を個々の波長成分に分けることを**分光**という．

光は進行方向に垂直な方向に電磁場の振動を伴った横波である．太陽や電球の光はいろいろな方向に振動する横波の重ね合わせである．電気石（天然で産出する鉱物で，トルマリンという宝石はその１つ）の薄板は，光の中で電場が決まった方向に振動する成分だけを透過する性質をもつ．このような働きをもつ板を**偏光板**という．また偏光板を通した光のように，電場が振動する方向が一方向にそろっている光を**偏光**という．2 枚の偏光板を重ねて，一方を回したとき，偏光板を透過する光が強くなったり弱くなったりする．これは 1 枚目の偏光板で電場が 1 つの方向に振動する成分のみが透過し，2 枚目の偏光板が透過させる光の電場の方向がこれと異なる場合は，2 枚目の偏光板により光が遮られることによる（図 3.20）．水などの媒質表面で反射された光は，特定の方向

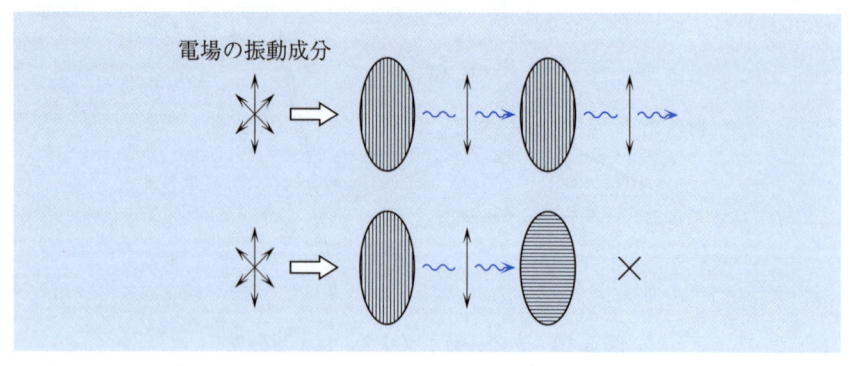

図 3.20 偏光板により特定の方向に電場の振動成分をもつ波だけが透過される

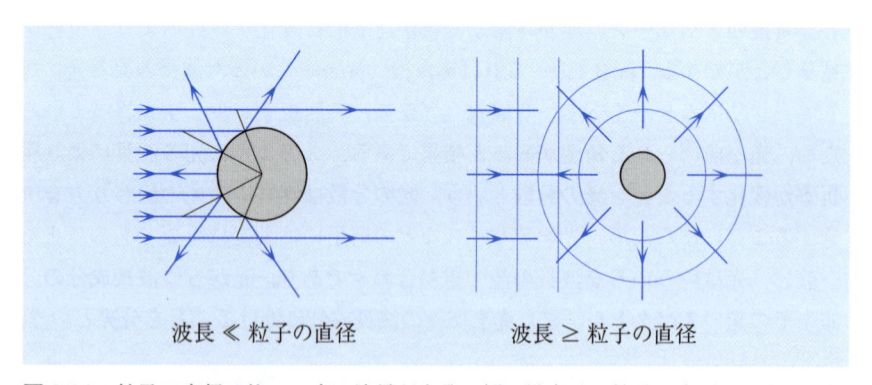

図 3.21 粒子の直径に比べて光の波長が十分に短い場合は,粒子の表面で通常の反射の法則にしたがって光が反射される (a). 一方,粒子の直径が光の波長と同程度,あるいはそれより小さい場合は,ホイヘンスの原理により粒子の表面に新しい波源を仮定した場合のように,あらゆる方向に光は散乱されていく

の偏光を多く含む. また媒質の性質を制御して反射する光の偏光状態を変化させることもできる. こうした現象を応用して, 新しい光の応用が始まっている.

光の波長と同じ位, あるいはそれよりも小さな粒子の表面では, 通常の反射の法則に従うような光の反射は起こらない. このような場合には, 光は粒子の中心からあらゆる方向に向かって拡がっていく (図 3.21). このような現象を光の**散乱**という. 光が波としての性質を強く示す例である.

3章の問題

□**1** 半径 R の球面の形状をもつ**凹面鏡**を考える．球面の中心 O と鏡の中心（球面上の一点）Q を結ぶ直線を光軸と考える．
(1) 光軸に平行に光が入射する場合，光軸から遠く離れていない光線は，鏡で反射された後，光軸上の一点 F で交わることを示し，点 Q から点 F までの距離（焦点距離）を求めよ．また焦点を通って入射した光は光軸と平行な方向に反射されることを示せ．
(2) 凹面鏡を使って，鏡の手前の焦点距離よりも遠くに置かれた物体の実像を得ることができることを，作図により示せ．

□**2** 手元のスピードガンで発せられた電磁波が，一定の速度で運動する物体に反射され，戻ってきたところを観測することにより，物体の速度を計測する．周波数 10^{10} [Hz] の電磁波（電波）を用いて，速度 $v = 30$ [m/s] で近づいてくる物体を観測する場合，物体で反射して戻ってくる波と，スピードガンから発せられた波との干渉により生ずるうなりの回数（1秒当たり）を求めよ．

□**3** ガラスの片面に，一定の間隔 d で細い筋を描いたものを**回折格子**と呼ぶ（図3.22）．回折格子の筋の部分は光を通さないので，筋と筋の間がスリットとなり，等間隔でならんだスリットを通過した光の干渉が観測できる．ガラス面に垂直に入射した光が，回折格子を通過後に入射方向に対して θ の角をなす方向に進むとしたとき，光が強く観測される方向の θ を求めよ．

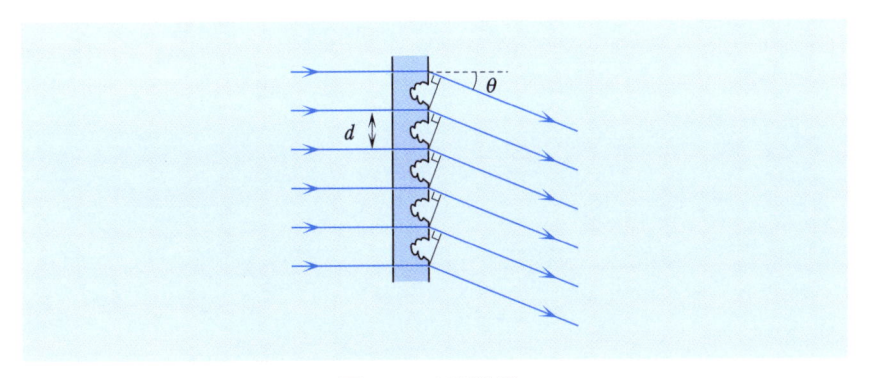

図 3.22 回折格子

□**4** 図のように，球面と平面からできているレンズを平面ガラスの上において，平面に垂直に単色光（波長 λ）を当てると，レンズとガラスの接点を中心とする同心円状の縞模様が観測される．これをニュートンリングと呼ぶ（図 3.23）．縞模様の間隔から球面の半径を求めることができることを示せ．

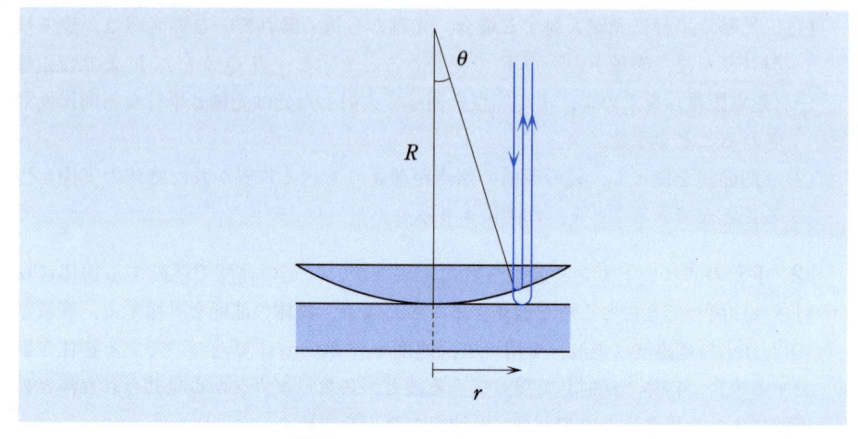

図 3.23 ニュートンリング

付録　物理学と測定

　この付録では，各章に共通したいくつかの事柄をまとめる．物理学は，自然現象の測定に基礎を置く経験科学である．そこでは，測定の精度と得られた数値データの扱いに，十分な注意と考察が必要となる．ここで説明する「有効数字」の考え方は，その意味で大変に重要である．また，物理量の「次元」の考え方は，これを利用して，結果の正否を判断したり，既知の物理量の間の関係を類推したりするのに有用である．

> **付録で学ぶ概念・キーワード**
> - 誤差，絶対誤差，相対誤差，有効数字
> - 次元

A.1 誤差と有効数字

物体の運動や電気的・磁気的な現象などの様子は，ものさしや秤で長さや重さを測ることにより得られる数値データで表されている．さらに物理的な現象に限らず，物事を客観的に把握するためのデータを得るのに，計測という手段は大変重要である．ところが最新のデジタル計測器を用いたとしても，表示の桁数には限りがあり，測定精度には限界があるということになる．ましてものさしなどでは，目盛りの読み取りも完全に正確に行なうことはできない．したがって真の値と実測値の間には必ずずれが生ずる．このずれを**誤差**という．計測において，誤差の大きさを把握しておくことは大変に重要である．

1 mm 間隔の目盛りのついたものさしで長さを測る場合を考えよう．通常は目盛りと目盛りの間は目分量で見当をつけて，0.1 mm の位までの測定は可能であろう．その結果，31.4 mm という結果を得たとすると，実際の長さ l は

$$31.35\,[\mathrm{mm}] < l < 31.45\,[\mathrm{mm}]$$

の範囲にあると考えられる．このような測定値を

$$l = (3.14 \pm 0.005) \times 10^1\,[\mathrm{mm}]$$

と表現する．ここで各桁の 3, 1, 4, という数字は測定により得られた意味のある数字であるという意味で，**有効数字**と呼び，上の例の測定では「有効数字は 3 桁」であるという．

絶対値の大きな値や小さな値は，3.14×10^5 とか，3.14×10^{-12} のように，10 の累乗を用いて表すのが便利である．このとき，10 の累乗以外の部分は有効数字の桁数だけ表示する．したがって，7.3×10^2 と書くのと，7.30×10^2 と書くのとでは，数値のもつ精度（有効数字）に違いがあることに注意しなければならない．

誤差には，測定値と真の値の差である**絶対誤差**と，絶対誤差を真の値（真の値がわからない場合は測定値）で割った**相対誤差**がある．相対誤差の場合は 100 をかけてパーセント％で表す場合が多い．上の例では，絶対誤差は最大で 0.05 mm，相対誤差は

$$\frac{0.05}{31.4} \times 100 = 0.159\ \%$$

となる．

　測定により得られたいくつかの数値を足したりかけたりして，新しい量を計算する場合がある．このとき計算された値の誤差あるいは不確かさが正しく評価されるように，測定値の有効数字に注意して計算をする必要がある．例えば 2 つの測定値，$A = 23.58$ と $B = 2.5$ の和と積を計算する場合を考えよう．このとき真の値はそれぞれ

$$23.575 < A < 23.585, \quad 2.45 < B < 2.55$$

の範囲にあると考えられ，その和と積は

$$26.025 < A + B < 26.135, \quad 57.75875 < AB < 60.14175$$

の範囲にあることが予想される．一方，測定値の和と積はそれぞれ，$A + B = 26.08$ と $AB = 58.95$ で，和の場合は小数点第 2 位，積の場合には小数第 1 位が，あまり確かな数値とはいえない．そこで，

- 測定値の加減では，測定値の一番下の桁が最も高いもの（上の例では，末尾の桁が小数点第 1 位の B）に合わせて，計算値を四捨五入
- 測定値の乗除では，計算値の有効数字を測定値の有効数字の内で最も小さなもの（上の例では，B の有効数字 2 桁）に合わせて四捨五入

するのが適当であろう．したがって上の例では，$A + B = 26.1$，$AB = 59$ と考えればよい．パソコンや関数電卓を使えば，桁数の多い計算も手軽に実行できるが，そうやって出した数値に全幅の信頼を寄せるのは意味がない．測定値に含まれる誤差の大きさを考えて，計算値を出す必要がある．

A.2　単位と次元

　ものの長さを測るのに，日常生活では測る対象に応じて，[km]，[m]，[cm]，[mm] などの単位が用いられる．ところが物理現象を記述する場合は，基本となる物理量である長さ，質量，時間などの単位を 1 つ定めて，それをもとにほかの物理量の単位が定義されている．これを国際標準単位系（**SI 単位系**）と呼ぶ．本書で取り上げた物理量に対する SI 単位系を表 1 にまとめる．

　また 10^{-10} [m] とか 10^{12} [Hz] といった非常に小さかったり大きかったりする量については，10 の累乗の部分を適当な記号で表して，表現を簡単化するこ

表 1 物理量の単位

物理量	単位の名称	単位記号	等価な単位
長さ，距離	メートル	m	
質量	キログラム	kg	
時間	秒	s	
電流	アンペア	A	
温度	ケルビン	K	
速度，速さ	メートル毎秒	m/s	
加速度	メートル毎秒毎秒	m/s^2	
角速度，角振動数	ラジアン毎秒	rad/s	
振動数，周波数	ヘルツ	s^{-1}	Hz
力	ニュートン	N	kg·m/s^2
運動量	キログラムメートル毎秒	kg·m/s	
仕事，エネルギー	ジュール	J	N·m
仕事率	ワット	W	J/s
電気量，電荷	クーロン	C	A·s
電場の強さ	ボルト毎メートル	V/m	N/C
電位，電圧	ボルト	V	J/C
電気容量	ファラド	F	C/V
電気抵抗	オーム	Ω	V/A
磁極の強さ	ウェーバ	Wb	
磁場の強さ	ニュートン毎ウェーバ	N/Wb	A/m
磁束密度	テスラ	T	Wb/m^2
インダクタンス	ヘンリー	H	V·s/A

ともある（表 2）．

　速さは距離（長さ）時間で微分して（割って）求められることから，速さは長さ/時間の**次元**をもつという．したがって，物理量の次元はその単位と密接に関係している．一般に長さ・質量・時間を L (length)・M (mass)・T (time) のシンボルで表して，さまざまな物理量の次元を表す．上の例の速度（速さ）の場合は

$$[速さ] = [LT^{-1}]$$

のように表す．加速度は速度を微分したものであることから

A.2 単位と次元

表2 10の累乗を表す記号

名称	記号	大きさ
テラ	T	10^{12}
ギガ	G	10^{9}
メガ	M	10^{6}
キロ	k	10^{3}
ヘクト	h	10^{2}
センチ	c	10^{-2}
ミリ	m	10^{-3}
マイクロ	μ	10^{-6}
ナノ	n	10^{-9}
ピコ	p	10^{-12}

[加速度] $= [LT^{-2}]$

である。また運動方程式に従えば、加速度に質量をかけたものが物体にはたらく力であるので、力の次元は

[力] $= [LMT^{-2}]$

と与えられる。

物理で現れる様々な方程式において、その各項は同じ次元をもたなければならない。このことを利用して、方程式の正否を判断したり、物理量の間の関係を類推したりすることができる。例えば、糸の先におもりをつけた振り子の周期 T について、関与する量としては、おもりの質量 m、糸の長さ l、そして重力加速度 g が考えられる。そこで、それらの関係を

$$T = c\, m^p l^q g^r$$

と仮定する。ここで、c は次元をもたない（無次元の）定数である。T, m, l, g の次元がそれぞれ $[T]$, $[M]$, $[L]$, $[LT^{-2}]$ であることから、

$$[T] = [M]^p \times [L]^q \times [LT^{-2}]^r = [M^p L^{q+r} T^{-2r}]$$

より、$p = 0$, $q = -r = 1/2$ が得られる。これより

$$T = c\sqrt{\frac{l}{g}}$$

の関係が予測され、振り子の周期がおもりの重さにはよらないことが導かれる。このような考え方がしばしば使われている。

章末問題解答

1 力　　学

1 (1) 物体にはたらく力を考えると大きさ mg の重力が鉛直下向きに，斜面に垂直な方向に垂直抗力 $\vec{N}$ がはたらく（下図）．重力を斜面に沿った方向と斜面に垂直な方向の成分に分解すると，斜面に垂直な成分については，つり合いの条件

$$N = mg\cos\theta \tag{1}$$

が成り立つ．一方，斜面に沿った方向の重力の成分は $mg\sin\theta$ である．もし斜面と物体の間に摩擦力がはたらかなければ，物体にはたらく斜面に沿った方向の力は重力だけとなり，物体は斜面をすべり落ちることになる．物体と斜面の間にはたらく摩擦力がこれとつりあって，物体は静止している状態では，重力の斜面に沿った方向の成分と摩擦力がつり合いの状態にある．したがって摩擦力の大きさ F はつり合いの条件から

$$F = mg\sin\theta \tag{2}$$

と与えられる．

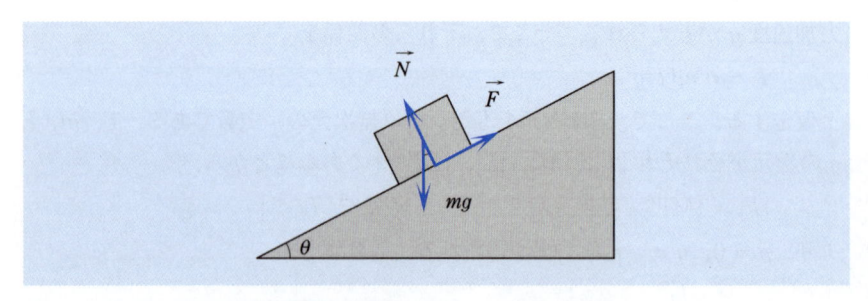

斜面に置かれた物体にはたらく力のつり合い

(2) 最大静止摩擦力 F_0 は，そのとき物体にはたらいている垂直抗力に比例するので

と計算される．物体が斜面をすべり始めるときは，重力の斜面に沿った方向の成分 $mg\sin\theta$ が最大静止摩擦力 F_0 を上まわるときであるので，$F_0 = mg\sin\theta_0$ より

$$\tan\theta_0 = \mu \tag{4}$$

が得られる．

2 棒は一様な太さであるので重心はその中心になっている．したがって棒にはたらく力は，重心に鉛直下向きに重力 mg，床との接点で床からの垂直抗力 N_1，棒が倒れないように加える水平方向の力 F，そして壁との接点での壁からの垂直応力 N_2 である（下図）．水平方向の力のつり合い

$$N_2 = F$$

鉛直方向の力のつり合い

$$mg = N_1$$

および床と棒との接点の回りの力のモーメントのつり合いの条件，

$$\frac{1}{2}mgl\sin\theta = N_2 l\cos\theta$$

より

$$F = \frac{1}{2}mg\tan\theta$$

を得る．

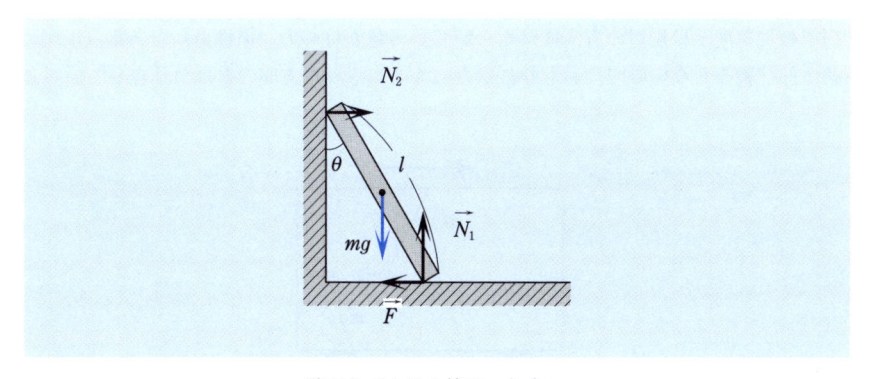

壁にたてかけた棒のつり合い

3 高さ h のところから自由落下する標的の，時刻 t における鉛直方向の位置は

$$z = h - \frac{1}{2}gt^2$$

と与えられる．一方，弾丸が打ち出される方向（仰角）を θ とすると，時刻 t における弾丸の位置座標は，弾丸が打ち出される地点を原点として，水平方向が

$$x = v\cos\theta\, t$$

鉛直方向が

$$z = v\sin\theta\, t - \frac{1}{2}gt^2$$

となる．標的が落下するところに弾丸が到達する時刻は，$x = l$ より，

$$t = \frac{l}{v\cos\theta}$$

と求められる．この時刻に弾丸と標的の鉛直方向の位置座標が一致すれば，弾丸が命中することになる．したがって，

$$h - \frac{1}{2}g\left(\frac{l}{v\cos\theta}\right)^2 = v\sin\theta\frac{l}{v\cos\theta} - \frac{1}{2}g\left(\frac{l}{v\cos\theta}\right)^2$$

より，

$$\tan\theta = \frac{h}{l}$$

すなわち，時刻 $t = 0$ で標的を狙って弾丸を打ち出せばよく，標的が落下することを予め考えて標的の下方を狙う必要はないという結果が得られる．

4 列車に乗った観測者から見て，おもりにはたらく力は重力，糸の張力 T，および列車の加速度とは反対の方向にはたらいている見かけの力（慣性力）である（下図）．糸は伸び縮みしないので，おもりにはたらく糸に沿った方向の力はつり合っていると

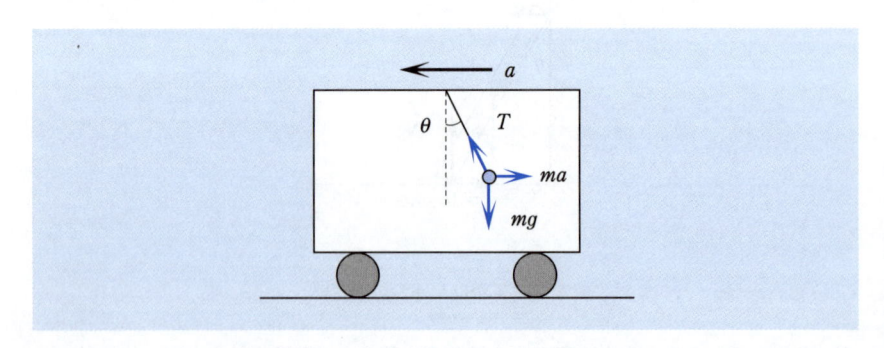

列車の中にぶら下げたおもりにはたらく力

考えられる．糸が鉛直方向となす角を θ と置くと，このつり合いの式は

$$T = mg\cos\theta + ma\sin\theta$$

と表される．一方，おもりが振動するときに描く円弧の接線方向の成分については，運動方程式

$$ml\frac{d^2\theta}{dt^2} = ma\cos\theta - mg\sin\theta$$

が成り立つ．この式の右辺 $=0$ を満たす θ を θ_0 と置いて（$a\cos\theta_0 = g\sin\theta_0$），$\theta$ のかわりに θ_0 からのずれ，$\theta' = \theta - \theta_0$ を用いて整理すると，

$$ma\cos(\theta_0 + \theta') - mg\sin(\theta_0 + \theta')$$
$$= (ma\cos\theta_0 - mg\sin\theta_0)\cos\theta' - (ma\sin\theta_0 + mg\cos\theta_0)\sin\theta'$$
$$= -(ma\sin\theta_0 + mg\cos\theta_0)\sin\theta'$$

を得る．θ' は十分に小さいとして，$\sin\theta' \approx \theta'$ と置くと，単振動の運動方程式

$$\frac{d^2\theta'}{dt^2} = -\frac{\sqrt{g^2+a^2}}{l}\theta'$$

を得る．ここで，$a\cos\theta_0 = g\sin\theta_0$ から導かれる

$$\cos\theta_0 = \frac{g}{\sqrt{g^2+a^2}}, \quad \sin\theta_0 = \frac{a}{\sqrt{g^2+a^2}}$$

の関係を用いた．列車が動き始めた $t=0$ で

$$\theta(0) = 0, \quad \left(\frac{d\theta}{dt}\right)_{t=0} = 0$$

の初期条件を用いれば，

$$\theta(t) = \theta_0(1 - \cos\omega t), \quad \omega = \sqrt{\frac{\sqrt{g^2+a^2}}{l}}$$

を得る．したがって，おもりは角 θ が 0 と $2\theta_0$ の間を単振動する．

5 (1) 物体が最高点に達したときの速さを v とおくと，物体にはたらく力は，鉛直上向きに向心力 mv^2/l，鉛直下向きに重力 mg と糸の張力 T である（重力加速度を g とする）．これらのつり合いより

$$T = \frac{mv^2}{l} - mg$$

が成り立つ．糸がゆるまずに円運動を続けるためには，$T \geq 0$ でなければならない．したがって，物体の速度は

$$v \geq \sqrt{gl}$$

でなければならない．

(2) 物体が最低点でもつ速度を v' と書くと，エネルギー保存の法則により，

$$\frac{1}{2}mv^2 + 2mgl = \frac{1}{2}mv'^2$$

$v = \sqrt{gl}$ を代入すれば，

$$v' = \sqrt{5gl}$$

を得る．

(3) 最高点では $T = 0$．最低点で物体にはたらく力は，鉛直下向きに重力と向心力，鉛直上向きに糸の張力 T' であるから，力のつり合いより

$$T' = \frac{mv'^2}{l} + mg = 6mg$$

が得られる．

6 衝突後の小球 1，2 の速度を v_1，v_2 と書く．衝突の前後で運動量の総和が保存されるので，衝突前に小球 1 の運動の方向とそれに垂直な方向の成分に分けて，

$$m_1 v = m_1 v_1 \cos\theta_1 + m_2 v_2 \cos\theta_2$$

$$0 = m_1 v_1 \sin\theta_1 - m_2 v_2 \sin\theta_2$$

が成り立つ．これを解いて，

$$v_1 = v\frac{\sin\theta_2}{\sin(\theta_1 + \theta_2)}, \quad v_2 = \frac{m_1}{m_2}v\frac{\sin\theta_1}{\sin(\theta_1 + \theta_2)}$$

を得る．衝突の前に小球 2 は静止していたので，衝突の際に小球 2 が受けた力積は小球 2 が運動を始めた方向で，その大きさは

$$m_2 v_2 = m_1 v \sin\theta_1 / \sin(\theta_1 + \theta_2)$$

である．小球 1 の受ける力積は，作用・反作用の法則に従えば，これと向きが反対で大きさは同じはずである．実際，小球 2 の運動方向の運動量の成分の変化を見ると，

$$m_1 v_1 \cos(\theta_1 + \theta_2) - m_1 v \cos\theta_2 = m_1 v_1 \frac{\sin\theta_1}{\sin(\theta_1 + \theta_2)}$$

が得られる．またこれと垂直な方向の変化は

$$m_1 v_1 \sin(\theta_1 + \theta_2) - m_1 v \sin\theta_2 = 0$$

である.

7 ポテンシャルエネルギーを微分して,鉛直上向きの万有引力が

$$F = -\frac{dU}{dr} = -\frac{GMm}{r^2}$$

と計算されることから確かめられる.打ち上げられた物体の速度は,最高高度で鉛直方向の成分が 0 となることから,エネルギー保存の法則により,

$$\frac{1}{2}mv^2 - \frac{GMm}{R} = -\frac{GMm}{R+h}$$

を解いて,

$$h = R\left(\frac{2GM}{Rv^2} - 1\right)^{-1}$$

を得る.打ち上げの速度が $v = \sqrt{2GM/R}$ となると,h は無限大となり,地球の引力圏から脱出できることを表している.

2 電 磁 気

1 点 $\vec{r} = (x, y, z)$ の電位は,

$$V(\vec{r}) = \frac{1}{4\pi\epsilon_0}\left\{\frac{q}{\sqrt{x^2+y^2+(z-a)^2}} - \frac{q}{\sqrt{x^2+y^2+(z+a)^2}}\right\}$$

と与えられる.a が原点からの距離 $r = \sqrt{x^2+y^2+z^2}$ に比べて十分に小さいとすると,

$$\frac{1}{\sqrt{x^2+y^2+(z-a)^2}} = \frac{1}{\sqrt{x^2+y^2+z^2}} \times \left(1 + \frac{-2az+a^2}{\sqrt{x^2+y^2+z^2}}\right)^{-1/2}$$

より,

$$\frac{1}{\sqrt{x^2+y^2+(z-a)^2}} \approx \frac{1}{r^{1/2}}\left(1 + \frac{az}{r}\right)$$

と近似できる.これより電位は

$$V(\vec{r}) = \frac{1}{4\pi\epsilon_0}\frac{2aqz}{r^3}$$

と得られる. ここで $2aq$ は電気双極子の強さを表す. 電場の z 成分は

$$E_z = -\frac{\partial V}{\partial z} = \frac{2aq}{4\pi\epsilon_0}\frac{1}{r^5}(3z^2 - r^2)$$

と計算され, z 軸上 $(r = z)$ では, 正の方向を向いて, 原点からの距離の 3 乗に反比例して小さくなることがわかる.

2 (1) コンデンサーの容量は

$$C = \frac{\epsilon_0 S}{d}\,[\mathrm{F}]$$

で与えられるので, 金属板の生ずる電荷は

$$CV = \frac{\epsilon_0 S}{d}V\,[\mathrm{C}]$$

となる.

(2) 金属板 A と C, B と C の間隔をそれぞれ x, y とすると, コンデンサーの容量は

$$C_{\mathrm{AC}} = \frac{\epsilon_0 S}{x}, \quad C_{\mathrm{BC}} = \frac{\epsilon_0 S}{y}$$

となる. これらが直列につながれていると考えると, コンデンサーの合成容量は

$$C = \frac{\epsilon_0 S}{x+y} = \frac{\epsilon_0 S}{d-t}$$

となり, AB の極板に生ずる電荷は

$$\frac{\epsilon_0 S}{d-t}V\,[\mathrm{C}]$$

に増加する.

3 各抵抗を流れる電流を図のように, I_1, I_2, I_3, I_4 と置く. また CD 間を流れる電流を i と書く. キルヒホッフの法則により, 回路の交点 C, D に流れ込む電流の総和が 0 として,

$$I_1 = I_3 + i, \quad I_2 + i = I_4$$

が成り立つ. また閉回路 ACD, CBD の電圧降下を 0 として,

$$R_1 I_1 + ri - R_2 I_2 = 0, \quad R_3 I_3 - R_4 I_4 - ri = 0$$

が成り立つ. ただし, r は電流計の内部抵抗である. ここで $i = 0$ と置けば,

$$\frac{R_1}{R_2} = \frac{I_2}{I_1} = \frac{I_4}{I_3} = \frac{R_3}{R_4}$$

が得られる.

2章の問題

4 電場で加速された粒子のもつ速度を v[m/s] とすると,

$$\frac{1}{2}mv^2 = qV$$

が成り立つ. 磁場中では粒子にローレンツ力 qvB[N] が, 粒子の速度と垂直な方向にはたらくので, これが向心力となって等速円運動をする. したがって,

$$\frac{mv^2}{r} = qvB$$

が成り立つ. これらから v を消去すれば,

$$\frac{q}{m} = \frac{2V}{B^2 r^2}$$

を得る.

5 (1) キャリアーの電荷が正の場合, キャリアーは電流と同じ向きに運動する. そのときキャリアーにはたらくローレンツ力は Y から X に向かう方向である. この力とつり合うように電場から力を受けるとすると, 電場の向きは X から Y に向かう方向となり, Y を基準にすれば X の電位は正となる. 一方, キャリアーの電荷が負の場合は, キャリアーの速度の方向は電流と逆になる. このときキャリアーにはたらくローレンツ力は, やはり Y から X に向かう方向になる. これとつり合う力を負の電荷に及ぼすためには, Y から X に向かう方向に電場がなければならない. したがって, Y を基準にした X の電位は負となる.

(2) XY 方向の電場を $E_\mathrm{H} = V_\mathrm{H}/b$ とすると, 力のつり合いの条件より, $qvB = qE_\mathrm{H}$. 一方, 電流の大きさは $I = abvqn$ と与えられるので,

$$n = \frac{BI}{a|q|V_\mathrm{H}}$$

となる.

6 コイルとコンデンサーをつないだ部分を流れる電流をそれぞれ i_1, i_2 とすると, 抵抗を流れる電流は $i_1 + i_2$ であり,

$$V(t) = R(i_1 + i_2) + \frac{q}{C} = R(i_1 + i_2) + L\frac{di_1}{dt}$$

を満たす. q はコンデンサーに蓄えられた電荷で $\frac{dq}{dt} = i_2$ を満たすので,

$$\frac{1}{C}\frac{dq}{dt} = \frac{1}{C}i_2 = L\frac{d^2 i_1}{dt^2}$$

の関係がある．これを代入して，$i_1(t)$ が満たす方程式

$$CL\frac{d^2 i_1}{dt^2} + \frac{L}{R}\frac{di_1}{dt} + i_1 = \frac{V(t)}{R}$$

が得られる．$V = V_0 \sin \omega t$, $i_1 = I_0 \sin(\omega t - \alpha)$ を代入して，2.4.3 と同様に計算すれば，

$$\tan \alpha = \frac{(1/\omega L - \omega C)^{-1}}{R}$$
$$I_0 = \frac{V_0}{\sqrt{R^2 + (1/\omega L - \omega C)^{-2}}} \times \frac{1/\omega L}{|1/\omega L - \omega C|}$$

を得る．抵抗 R を流れる電流は

$$i_1 + i_2 = \omega L(1/\omega L - \omega C)i_1(t)$$

である．コンデンサーとコイルが直列につながれた場合の結果，式 (2.45)，(2.46) と比較せよ．

3　波　　動

1　点 A から光軸に平行に入射した光が到達する鏡面上の点を P とする．点 O と点 P を結ぶ直線は，点 P における球面の垂線になっているので，反射の法則によれば，∠APO = ∠OPF である．また AP は光軸と平行であるので，∠APO = ∠POF が成り立つ．これより，△OPF は二等辺三角形で，$\overline{\mathrm{FO}} = \overline{\mathrm{FP}}$ で，∠PFQ = 2∠POF が成り立つ．∠POF = θ と置いて，点 P から光軸に下ろした垂線の足を P$'$ とすると，

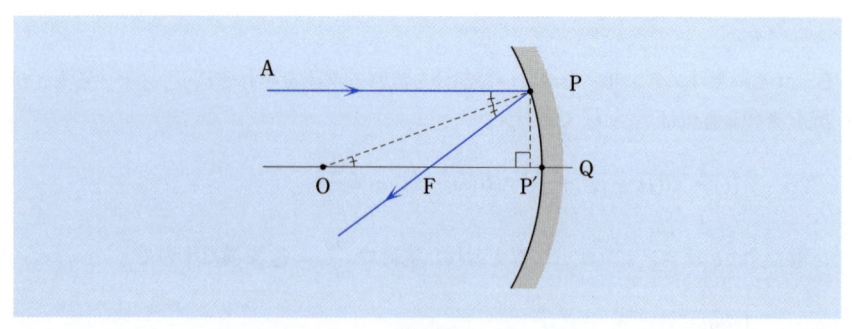

凹面鏡

$$\overline{\text{PP}'} = \overline{\text{OP}}\sin\theta = \overline{\text{PF}}\sin 2\theta$$

が成り立つ．光線が光軸からあまり遠く離れていないことから，θ は十分に小さいとして，$\sin\theta \approx \theta$ と近似する．以上より，$\overline{\text{QF}} = f$ と置いて，$R\theta = 2(R-f)\theta$ を得る．したがって，光軸からの距離にかかわらず，光軸に平行に入射した光は点 Q から $f = R/2$ の距離にある焦点 F を通る．光線を逆にたどれば，焦点を通って入射した光は，鏡面で反射を光軸に平行に進むと考えられる．作図により，反射後に焦点を通る光線と光軸に平行に進む光線の交点を求めれば，そこに実像が結ばれるといえる．

2 スピードガンから発せられる電磁波の周波数を $f\,[\text{s}^{-1}]$，電磁波の速さを $c\,[\text{m/s}]$ と書く．速度 $v\,[\text{m/s}]$ で運動する物体は，$v_\text{s} = v$, $v_\text{o} = 0$ として，スピードガンからの電磁波を受ける．したがって，運動物体が反射する波の振動数は

$$f' = \frac{c+v}{c}f$$

となる．一方，スピードガンは戻ってくる波を，$v_\text{o} = 0$, $v_\text{s} = -v$ として受けるので，観測される波の振動数は

$$f'' = \frac{c}{c+v}f' = \frac{c+v}{c-v}f$$

となる．したがって，1 秒間のうなりの回数は ($c = 3.0 \times 10^8\,[\text{m/s}]$, $f = 10^{10}\,[\text{s}^{-1}]$ として)，

$$f'' - f = \frac{2v}{c-v}f \approx 2000\ [\text{s}^{-1}]$$

となる．

3 間隔 d で隣り合う筋の合間を透過した光の行路差は，$d\sin\theta$ と与えられる．これが光の波長の整数倍のときに，光は強め合う．したがって，光が強く観測される方向は

$$d\sin\theta = m\lambda \quad (m =, 0, 1, 2, \cdots)$$

である．

4 レンズの上方から垂直に入射した光は，レンズの下面（球面）と平面ガラスの上面で反射される．レンズの下面で反射されるときには，波の位相に変化はないが，平面ガラスの上面で反射されるときには，波の位相が半波長分だけずれることを考慮しなければならない．レンズの球面の半径を R，同心円状の縞模様の半径を r とすれば，図の中心角 θ を用いて，$r = R\sin\theta$ と表される．一方，この半径のところでの光路差

は $R(1-\cos\theta)$ と与えられる．光が強め合う条件は，平面ガラスでの反射の際の位相のずれを考慮して，

$$R(1-\cos\theta) = \left(n+\frac{1}{2}\right)\lambda \quad (n=0,1,2,\cdots)$$

となる．$\cos\theta = \sqrt{1-\sin^2\theta}$ を考慮すれば，

$$R(1-\cos\theta) = R - R\left[1-\left(\frac{r}{R}\right)^2\right]^{1/2} \approx \frac{r^2}{2R} = \left(n+\frac{1}{2}\right)\lambda$$

の関係が得られる．したがって，n 番目の同心円の半径を r_n とすれば，

$$R = \frac{r_{n+1}^2 - r_n^2}{2\lambda}$$

より，レンズの球面の半径が求められる．

さらに進んだ学習のために

　本書で「基礎の基礎」を学んだ諸君にとって，次の課題は大学初年次の物理であろう．これには実にたくさんのテキストが出版されていて，それぞれに創意工夫が懲らされている．また先生が教科書を指定することもあるので，そのアドバイスに従えばよい．身も蓋もない言い方のように聞こえるが，書いてあることは実は同じなので，自分に合ったものを選ぶのが一番である．

　しかしながら，教科書的な物理というものになかなか馴染めないときには，日常的な話題を使った例示や豊富な図面という点でその優位さを認めざるを得ない，海外の教科書(の翻訳)を眺めてみるとよいかもしれない．その中で，

- D. ハリディ・R. レスニック，J. ウォーカー著／野崎光昭監訳,「物理学の基礎1（力学），2（波・熱），3（電磁気学）」(培風館)

は定評のある教科書の翻訳である．カラー刷りの美しい本で，豊富な図面は理解の助けとなるに違いない．また

- J. オグボーン，M. ホワイトハウス編／笠耐他訳「アドバンシング物理——新しい物理入門」(シュプリンガー・フェアラーク東京)

では，物理現象そのものや物理的なものの考え方が私たちの実生活の中でどのように利用されているかが，豊富な例を使って示されている．「教科書的な問題」を解くのに役に立つかどうかはわからないが，科学の重要性を意識させてくれる教科書である．古いところでは

- R.P. ファインマン，R.B. レイトン，M.L. サンズ著／坪井忠二他訳,「ファインマン物理学 I–V」(岩波書店)

も定評がある．著名な学者の手による，理工系全般の学生を意図したテキストであり，日常的な現象に対する著者独特の洞察が随所に見られるといったユニークな書である．半世紀も前の話であるが，人工衛星スプートニクの打ち上げでソビエトに先を越され

たアメリカが，青少年の科学教育が国家の命運を決するとの意気ごみで取り組んだ産物といわれている．

　本書では物理現象の解析に微分方程式が使われることを見た．微分方程式は，現在の高校の数学では取り上げられていない項目のようであるが，工学のいずれの分野においても微分方程式は重要で，それぞれの専門課程で教授されるものと思われる．ここには比較的コンパクトな参考書を紹介する．

- 古屋茂著,「新版　微分方程式入門」(サイエンス社)
- 田口政義著,「微分方程式」(朝倉書店)

いずれも，数学を道具として使う人のために書かれた参考書である．

索　引

ア　行

アース　70
アンペア（A，単位）　76
イオン　61
位相　103, 114
位置エネルギー　52
位置座標　2
ウェーバー（Wb，単位）　87
うなり　119
運動エネルギー　51
運動の三法則　23
運動の第一法則　24
運動の第三法則　25
運動の第二法則　24
運動方程式　24
運動量　43
運動量保存の法則　46
SI 単位系　147
エネルギー保存の法則　55
遠隔力　12
凹面鏡　143
オーム（Ω，単位）　77
オームの法則　77
音の 3 要素　124

カ　行

外積　22
回折　123
回折格子　143
角周波数　34, 103, 114
角速度　39
重ね合わせの原理　116
可視光　131
加速度　4
干渉　117
慣性　24
慣性質量　24
慣性の法則　24
慣性力　25
起電力　81
キャリアー　76
共振　126
共鳴　126
虚像　137
キルヒホッフの法則　84
近接力　12
偶力　19
偶力のモーメント　19
クーロン（C，単位）　60
クーロンの法則　62
クーロン力　62
屈折　121

屈折の法則　122
屈折率　122
光軸　134
向心力　39
合成波　116
剛体　18
交流　103
合力　10
誤差　146
弧度法　34
固定端　119
固有周波数　108
固有振動　125
固有振動数　125
コンデンサー　70

サ　行

最大静止摩擦係数　14
最大静止摩擦力　14
座標　2
作用線　8
作用点　8
作用・反作用の法則　25
散乱　142
磁界　86
磁気双極子　85
次元　12, 148
自己インダクタンス　99
仕事　49
仕事率　51
磁心　92
磁束　87
磁束密度　87
実効値　105
実像　136
質点　9

磁場　86, 87
周期　34, 114
重心　20
自由端　119
終端速度　41
充電　70
自由電子　61
周波数　103
自由落下　29
重力　12
重力加速度　12
ジュール（J，単位）　49
ジュール熱　79
焦点　135
焦点距離　135
初期条件　30
初速度　29
磁力線　86
真空透磁率　87
真空誘電率　62
振動数　114
振幅　34, 114
垂直抗力　14
正弦波　115
静止摩擦力　14
静電エネルギー　74
静電気力　62
静電遮蔽　68
静電ポテンシャル　66
静電誘導　62
正立　137
絶縁体　62
絶対屈折率　133
絶対誤差　146
接地　68
全反射　134
相互インダクタンス　101

相互誘導　101
相対誤差　146
速度　3
素電荷　60
疎密波　116
ソレノイド　92

タ 行

帯電　61
縦波　116
単振動　34
弾性　17
弾性衝突　46
担体　76
単振り子　35
力の三要素　8
張力　17
直列　73, 82
つり合い　8
抵抗率　77
定常波　118
テスラ（T，単位）　87
電圧　67
電圧降下　77
電位　66
電位差　67
電荷　60
電界　64
電荷保存の法則　61
電気双極子　110
電気素量　60
電気抵抗　77
電気容量　70
電気力線　64
電磁石　92
電磁波　129, 130

電磁誘導の法則　97
電束密度　70
点電荷　63
電場　64
電流　76
電力　79
透磁率　92
等速円運動　39
等速直線運動　28
等速度運動　28
導体　61
等電位面　66
動摩擦力　16
倒立　136
ドップラー効果　126

ナ 行

内積　22
内部抵抗　81
入射角　120
ニュートン（N，単位）　13
ニュートンリング　144

ハ 行

場　64
媒質　114
倍率　136
波長　114
波動　114
はねかえり係数　46
バネ定数　17
波面　120
速さ　3
腹　118
反作用　14

反射角　120
反射の法則　120
反発係数　46
万有引力定数　13
ビオ・サバールの法則　90
光の分散　141
非弾性衝突　46
比透磁率　92
微分　3
微分方程式　26
比誘電率　68
ファラデーの法則　97
ファラド（F，単位）　71
節　118
フックの法則　17
負の仕事　51
フレミングの左手の法則　94
分極　62
分光　141
並列　73, 82
ヘルツ（s^{-1}，単位）　114
変位　4
偏光　130, 141
偏光板　141
変数分離型　42
ヘンリー（H，単位）　99
ホイートストンブリッジ　110
ホイヘンスの原理　120
放物運動　30
ホール効果　111
保存力　54
ポテンシャルエネルギー　52
ボルト（V，単位）　66

マ 行

摩擦電気　61
右ネジの法則　88
モーメント　19

ヤ 行

有効数字　146
誘電体　62
誘電分極　62
誘電率　68
誘導起電力　96
誘導電流　96
横波　116

ラ 行

ラジアン（rad，単位）　34
リアクタンス　108
力学的エネルギー　55
力積　44
臨界角　134
レンズ　134
レンズの式　136
レンズの法則　96
ローレンツ力　94

ワ 行

ワット（W，単位）　51
ワット時（Wh，単位）　51

著者略歴

石井　靖(いしい　やすし)

1978年　東京大学大学工学部物理工学科卒業
1981年　東京大学大学院工学系研究科博士課程中退
1981年　東京大学物性研究所助手
1991年　姫路工業大学助教授
現　在　中央大学理工学部物理学科教授・工学博士

主要著書

新しいクラスターの科学（共著，講談社サイエンティフィク）
LSDA and Self-Interaction Correction（共著，Gordon & Breach）

新・工科系の物理学＝TKP-0
工科系 大学物理学への基礎

2006年 8月 10日 ©　　　　　　初　版　発　行

著者　石井　靖　　　　発行者　矢沢和俊
　　　　　　　　　　　　印刷者　山岡景仁
　　　　　　　　　　　　製本者　石毛良治

【発行】　　　　　株式会社　数理工学社
〒151-0051　東京都渋谷区千駄ヶ谷1丁目3番25号
☎ (03) 5474-8661（代）　　　サイエンスビル

【発売】　　　　　株式会社　サイエンス社
〒151-0051　東京都渋谷区千駄ヶ谷1丁目3番25号
☎ (03) 5474-8500（代）　　　振替 00170-7-2387

印刷　三美印刷　　　　製本　ブックアート
《検印省略》

本書の内容を無断で複写複製することは，著作者および出版者の権利を侵害することがありますので，その場合にはあらかじめ小社あて許諾をお求め下さい．

ISBN4-901683-39-X
PRINTED IN JAPAN

サイエンス社・数理工学社の
ホームページのご案内
http://www.saiensu.co.jp
ご意見・ご要望は
suuri@saiensu.co.jp まで．

工科系　物理学概論

三尾　典克著

A5判／320頁／本体1850円

2色刷　ISBN4-901683-19-5

本書の特徴
- 理工学の基礎知識として必要とされる力学，電磁気学，熱力学をコンパクトにまとめ，その概念と方法論が丁寧な解説を通して学べる．
- 多数の例題・章末問題とその解答を通して理解を深めることが可能．

主要目次

第1章　力学（運動法則／仕事とエネルギー／摩擦力／強制振動／力積と運動量／角運動量と力のモーメント／2体問題／万有引力と惑星の運動／慣性力／連成振動子／剛体／弾性体／流体　他）

第2章　電磁気学（クーロンの法則／静電場／電場のエネルギー／導体／誘電体／磁場と電流／磁性体と磁場／電磁誘導／磁場のエネルギー／電気回路／荷電粒子の運動／電磁場の方程式　他）

第3章　熱力学（熱平衡状態／状態の変化／熱力学第1法則と内部エネルギー／熱容量とモル比熱／理想気体／熱機関／熱力学第2法則と絶対温度／エントロピー／熱力学関数／開いた系と化学ポテンシャル／相と相転移／熱力学第3法則　他）

発行・数理工学社／発売・サイエンス社